기계공학실험 I

- 구조, 재료, 진동, 제어 분야 -

유봉조 · 신광복 · 임채욱 · 김영식
신부현 · 최진일 · 송지환 공저

홍릉과학출판사

저자 서문

본 교재는 4년제 대학의 기계공학관련 분야(기계, 항공, 기계설계, 조선)의 학부과정 학생들에게 기계공학분야의 기초 실험을 실시하는데 필요한 내용으로 구성되어 있다. 본 교재명은 기계공학실험(I)으로 크게 진동, 재료, 제어, 구조부분으로 나뉘어져 있으며, 세부적으로는 진동의 실험과 시뮬레이션, 재료의 일반적 성질 및 인장시험, DC모터 실험, 진자카트 및 로봇관련 실험, Matlab 프로그래밍과 활용, 아두이노 활용, CAE를 이용한 구조해석분야로 나뉘어진다.

본 교재는 기계공학에 관련된 교과목 중, 주로 진동공학, 자동제어, 수치해석 및 CAE, 로봇공학, 메카트로닉스, 기계재료, 재료역학, 정역학, 동역학, 기구학 등의 교과목에서 습득한 이론을 실제 실험을 통해 그 결과를 구현해 볼 수 있기 때문에, 실제 산업현장에서 마주칠 수 있는 현장 문제를 해결하는데 많은 도움을 줄 수 있을 것으로 사료된다.

본 교재는 이론적 측면에 있어서도 기계공학분야에서 다년간 강의를 해온 교수들의 강의자료를 토대로 구성하였기 때문에, 어떻게 하면 학생들이 위에서 언급한 교과목들에 대한 이해도를 증진시킬 수 있도록 구성하였으며, 교재의 집필자들 또한 산업체 및 연구소 등에서의 현장 경험을 지닌 교수들로서 본 교재의 내용을 최대한 기계공학 관련 학부학생들이 이론으로 학습한 내용을 실제 현상 또는 산업체의 업무와 접목시키려 노력하였다.

또한, 본 교재는 한학기 총 15주의 실험분량에 해당하는 내용으로 처음부터 끝까지 학생들이 실제 산업체의 문제들을 다룰 수 있도록 훈련시킴으로써, 최신 기계공학 문제를 전달하려고 노력한 점이 돋보인다. 이는 실험뿐만아니라, 시뮬레이션, 소프트웨어 구동 등으로 컴퓨터를 이용한 첨단 분석기법과 분석의 중용성을 강조함으로써, 이제까지의 기계공학실험에 관계된 서적들보다 그 내용이 알차게 구성되어 있다고 본다.

저자 서문

끝으로 본 교재의 저자들은 본 교재의 발간에 아직도 남아 있을지 모르는 오류에 대한 전적인 책임을 지고 있으며, 향후 개정판이 개선될 수 있도록 독자분들의 조언, 비평, 제언들을 감사하게 받아들일 준비가 되어 있으며, 본 교재가 발간될 수 있도록 원고의 편집 및 그림 색도 등에 많은 도움을 주신 홍릉과학출판사 관계자분들게 진심으로 감사드립니다.

2019년 7월 16일

저자 일동

차 례

CHAPTER 01 단진자 운동 및 대수감쇠율 측정과 계산 1

1.1 단진자 운동 실험 1

1.1.1 단진자 운동 실험목적 1
1.1.2 단진자 운동 실험장치 2
1.1.3 단진자 운동 이론 3
1.1.4 단진자 운동 실험 방법 5
1.1.5 단진자 운동 실험결과 검토 및 토의 6

1.2 대수감쇠율 측정 실험 8

1.2.1 대수감쇠율 측정실험 목적 8
1.2.2 대수감쇠율 측정 실험장치 8
1.2.3 대수감쇠율 관련 이론 9
1.2.4 대수감쇠율 측정 실험방법 11
1.2.5 대수감쇠율 측정실험 결과 검토 및 토의 12

CHAPTER 02 강체의 주기측정 및 질량모멘트 계산 13

2.1 강체의 주기 측정 및 질량모멘트 계산 실험 13

2.1.1 실험 목적 13
2.1.2 실험 장치 13
2.1.3 이론 14
2.1.4 실험 방법 17
2.1.5 실험결과 및 토의 18

CHAPTER 03 1 자유도 시스템의 고유진동수 및 주기 측정 19

3.1 1 자유도 시스템의 고유진동수 및 주기 측정 실험 19

3.1.1 실험 목적 19
3.1.2 실험 장치 19
3.1.3 1 자유도 비감쇠 및 감쇠계의 자유진동 운동방정식 20
3.1.4 실험 방법 24
3.1.5 실험결과 및 토의 25

차 례

CHAPTER 04 기계 재료 27

4.1 재료의 기계적 성질 27

4.2 재료 시험의 목적 28

4.3 기계 재료의 정의 28

4.4 기계 재료의 특징 29

4.5 기계 재료의 분류 및 종류 29

4.5.1 분류 29

4.5.2 종류 31

4.6 기계 재료에 필요한 성질 33

4.6.1 기계 재료에 필요한 일반적인 성질 34

4.6.2 기능에 관한 성질 34

4.7 기계 재료의 선정 36

CHAPTER 05 재료 시험 38

5.1 재료 시험이란 38

5.2 재료 시험의 분류 및 종류 39

5.2.1 분류 39

5.2.2 종류 40

5.3 스트레인 게이지 (Strain gage) 53

5.3.1 스트레인 측정 방법 54

5.3.2 게이지 (Gage)의 종류 56

5.4 신율계 (Extensometer) 57

5.4.1 접촉식 신율계 58

5.4.2 비접촉식 신율계 58

5.5 로드셀 (Load cell) 59

5.5.1 소형 로드셀 59

5.5.2 스트레인 게이지 식 로드셀 60

차 례

5.5.3 빔 로드셀 60
5.5.4 플랫폼 로드셀 60
5.5.5 S빔 로드셀 61
5.5.6 캐니스터 로드셀 61
5.5.7 인장 압축 로드셀 61

CHAPTER 06 **인장 시험** 62

6.1 시험 규정 62

6.2 인장 시험방법 63

6.2.1 시험편 63
6.2.2 시험기 63
6.2.3 시험 64

6.3 시험 장치 및 기자재 구성 65

6.4 인장 시험절차 67

6.4.1 수령 시편의 육안 검사 및 치수 측정 67
6.4.2 스트레인 게이지 부착을 위한 전처리 68
6.4.3 스트레인 게이지 부착 68
6.4.4 부착된 스트레인 게이지 검사 (저항 측정) 70
6.4.5 시험 수행을 위해 시편의 장비 장착 70
6.4.6 시험 규정에 의거한 속도로 시험 수행 71
6.4.7 파손모드 분석 71
6.4.8 데이터 분석 72

CHAPTER 07 **DC 모터 실험(1) - DC 모터의 속도계수 측정** 73

차 례

CHAPTER 08 DC 모터 실험(2) - DC 모터의 토크계수 측정 82

CHAPTER 09 DC 모터 실험(3) - DC 모터의 엔코더 신호 및 속도계수 측정 92

CHAPTER 10 진자 카트 시스템 제어 (Control of a pendulum-cart system) 105

- 10.1 실험목적 105
- 10.2 자유 물체도 이해 106
- 10.3 운동방정식 유도 107
- 10.4 상태방정식 (state-space) 109
- 10.5 제어기 설계하기 110
- 10.6 시뮬레이션 111

CHAPTER 11 역진자 카트 시스템 제어 (Control of an inverted pendulum-cart system) 118

- 11.1 실험목적 118

CHAPTER 12 2 자유도 로봇팔 궤적 계획 (Trajectory planning of a two-link manipulator robot) 131

- 12.1 실험목적과 절차 131
- 12.2 실험 132
- 12.3 궤적 경로 계획 135
- 12.4 시뮬레이션 136

차 례

CHAPTER 13 아두이노 소개 141
- 13.1 아두이노란 무엇인가 141
- 13.2 아두이노 설정하기 144

CHAPTER 14 아두이노 기본 150
- 14.1 Blink 예제 실행하기 150
- 14.2 LED 켜기 152
- 14.3 LED 깜빡이기 154
- 14.4 LED 밝기 조절 155
- 14.5 스위치 입력으로 LED 조절 157
- 14.6 센서 입력으로 LED 밝기 조절 161

CHAPTER 15 아두이노 모터 응용 164
- 15.1 RC 서보 모터 구동 164
- 15.2 DC 모터 구동 166
- 15.3 스텝 모터 구동 169

CHAPTER 16 MATLAB프로그래밍과 활용 173
- 16.1 실험목적 173
- 16.2 관련이론 173
- 16.3 실습내용 181
- 16.4 실습 과제물 191

차 례

CHAPTER 17 진동공학 개론 및 RUNGA 활용 193

17.1 실험목적 193

17.2 관련이론 193

17.3 실습내용 200

17.4 실습 과제물 203

CHAPTER 18 CAE를 활용한 구조해석 205

CHAPTER 19 CAE를 활용한 구조해석 1: 구조물에서의 응력-변형률 해석 208

19.1 배경 이론 208

19.2 렌치-볼트 구조물에 힘을 가해주는 경우의 응력-변형률 해석 예제 211

CHAPTER 20 CAE를 활용한 구조해석 2: 구조물에서의 피로 해석 215

20.1 배경 이론 215

20.2 브라켓 구조물에서 반복적인 변동 응력이 가해질 경우 발생하는 피로 해석 예제 218

CHAPTER

01

단진자 운동 및 대수감쇠율 측정과 계산

학 과	기계공학과	교과목	기계공학실험(Ⅰ)	학 년	2	조편성	조
실험실		실험내용	단진자 운동 및 대수감쇠율 측정과 계산	학 번		성 명	

1.1 단진자 운동 실험

1.1.1 단진자 운동 실험목적

① 단진자의 운동의 이론적 운동방정식을 세우고, 실험을 통하여 이를 검증한다.

② 단진자의 운동 주기 (period)와 진동수 (frequency)를 측정한다.

③ 단진자의 주기와 진동수는 공기적인 저항이나 마찰이 없다면, 단진자의 질량에는 무관하고 오로지 중력가속도와 단진자의 길이에만 관계된다는 것을 검증한다.

1.1.2 단진자 운동 실험장치

1 만능진동시험기

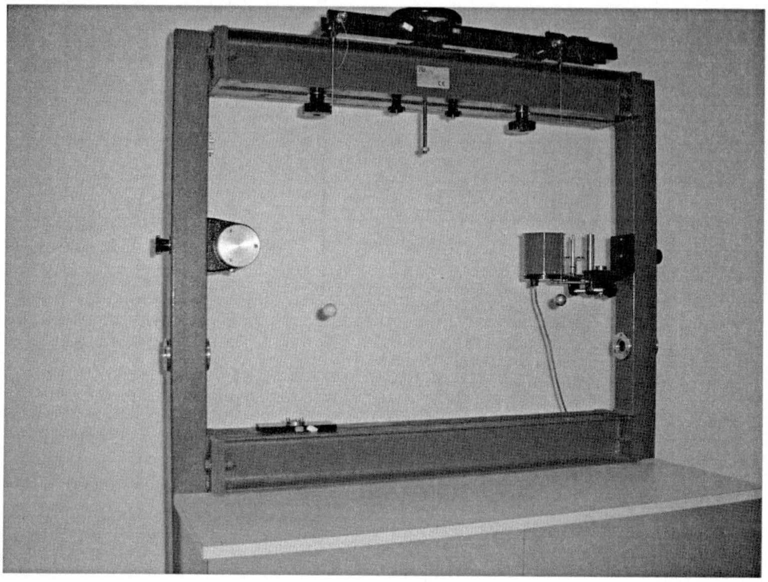

▲ **그림 1.1** 만능 진동시험기 전경

2 보조 부품

① 보조 프레임 (sub-frame)

② 나무공 (wood ball)

③ 강구 (steel ball)

④ 초시계 (stop watch)

⑤ 늘어나지 않은 줄 (unstretched string)

⑥ 줄자 (tapeline)

1.1.3 단진자 운동 이론

1 이론적 가정

① 공기적 저항은 무시한다.

② 줄의 질량은 질량 m에 비하여 무시할 만하다고 가정한다.

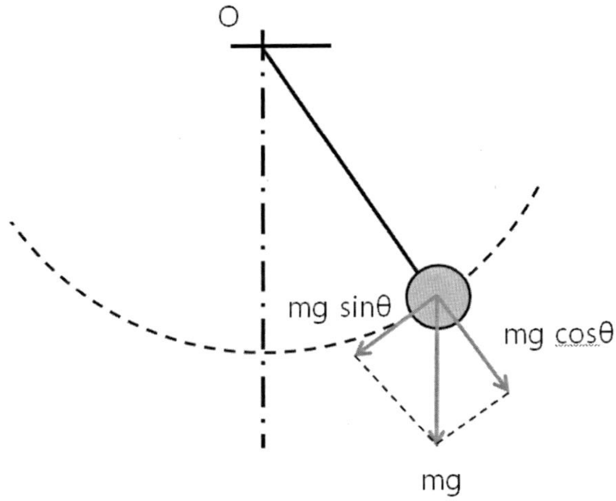

▲ **그림 1.2** 단진자의 운동 형상

2 운동방정식

1) Newton's 2nd law 적용

$$\sum M = I\ddot{\theta} \tag{1}$$

2) $-mgl\sin\theta = I\ddot{\theta}$ (where, $I = ml^2$)

Therefore, $ml^2\ddot{\theta} + mgl\sin\theta = 0$.

If $\theta << 1$, the above equation is as follows :

$$\ddot{\theta} + \frac{g}{l}\theta = 0 \tag{2}$$

3) 식 (2)는 단순조화운동을 나타낸다.

3 단순 조화운동의 특징 (원 운동하는 P점의 운동)

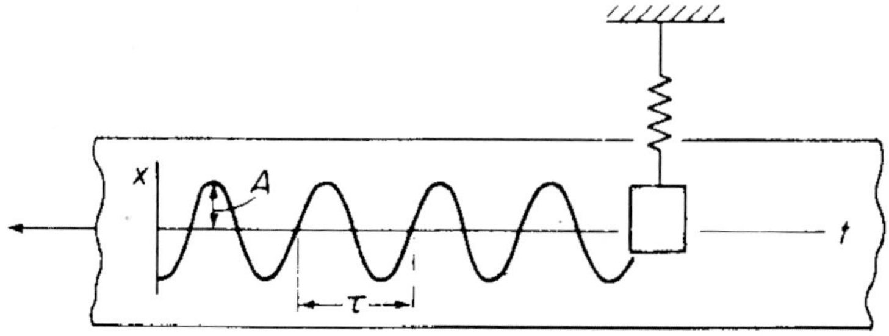

▲ 그림 1.3 단순 조화운동 예

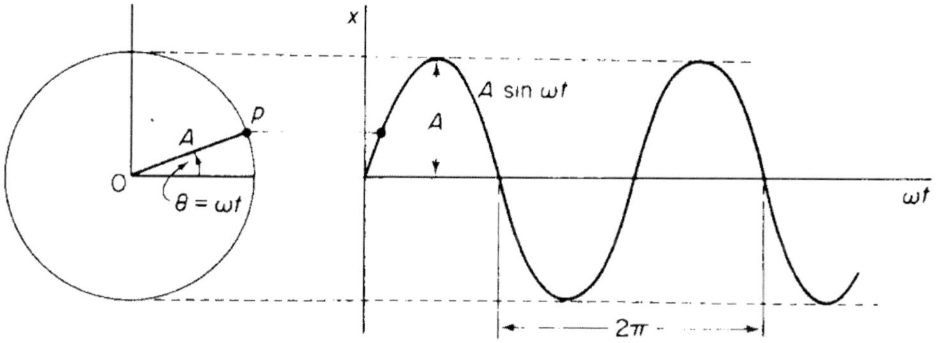

▲ 그림 1.4 단순 조화운동 변위 신호 예

① 변위 $x(t) = A\sin\dfrac{2\pi t}{\tau} = A\sin\omega t$

② 속도 $\dot{x} = \omega A\cos\omega t = \omega A\sin(\omega t + \dfrac{\pi}{2})$

③ 가속도 $\ddot{x} = \omega^2 A\sin\omega t = \omega^2 A\sin(\omega t + \pi)$

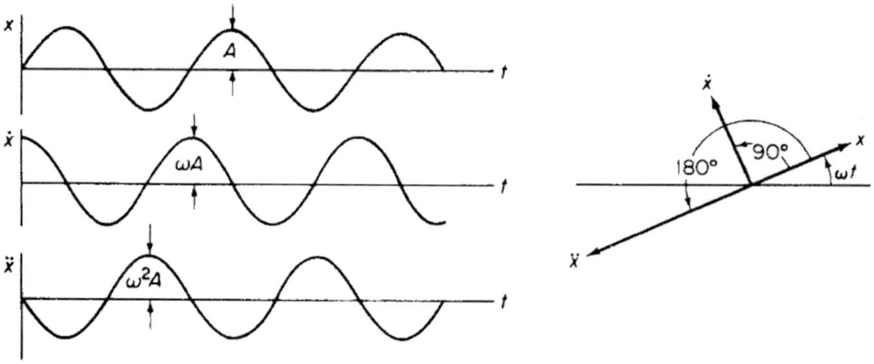

▲ 그림 1.5 변위, 속도, 가속도의 위상 차이

4 고유진동수 및 주기

1) From $\omega_n{}^2 = \frac{g}{l}$, 고유진동수 $f_n = \frac{1}{2\pi}\sqrt{\frac{g}{l}}$ (3)

2) Therefore, the period is as follows :

$$\tau_n = 2\pi\sqrt{\frac{l}{g}} \tag{4}$$

1.1.4 단진자 운동 실험 방법

① 그림 1.1에 보이는 것과 같이, 줄에 매달린 진자를 보조 프레임의 고정척에 견고하게 고정시킨다.

② 줄의 길이를 20cm부터 10cm 간격으로 70cm까지 변화시키면서 단진자의 주기를 측정한다.

③ 줄의 길이는 고정 척의 발 밑 하단으로부터 볼의 중심까지로 하며, 초시계를 사용하여, 단진자가 30회 왕복 운동하는 동안의 시간을 측정한다.

④ 강구 (steel ball)와 나무 공 (wood ball) 운동의 주기를 순서대로 측정한다.

⑤ 측정한 주기의 실험결과를 기록하고, 다음과 같은 그래프를 완성한다.

1.1.5 단진자 운동 실험결과 검토 및 토의

1 실험 측정결과

▼ 표 1.1 Experimental results

Length of string (cm)	Time for 30 complete oscillations		period τ_n of steel ball	${\tau_n}^2$ (steel ball)
	steel ball	wood ball		
20				
30				
40				
50				
60				
70				

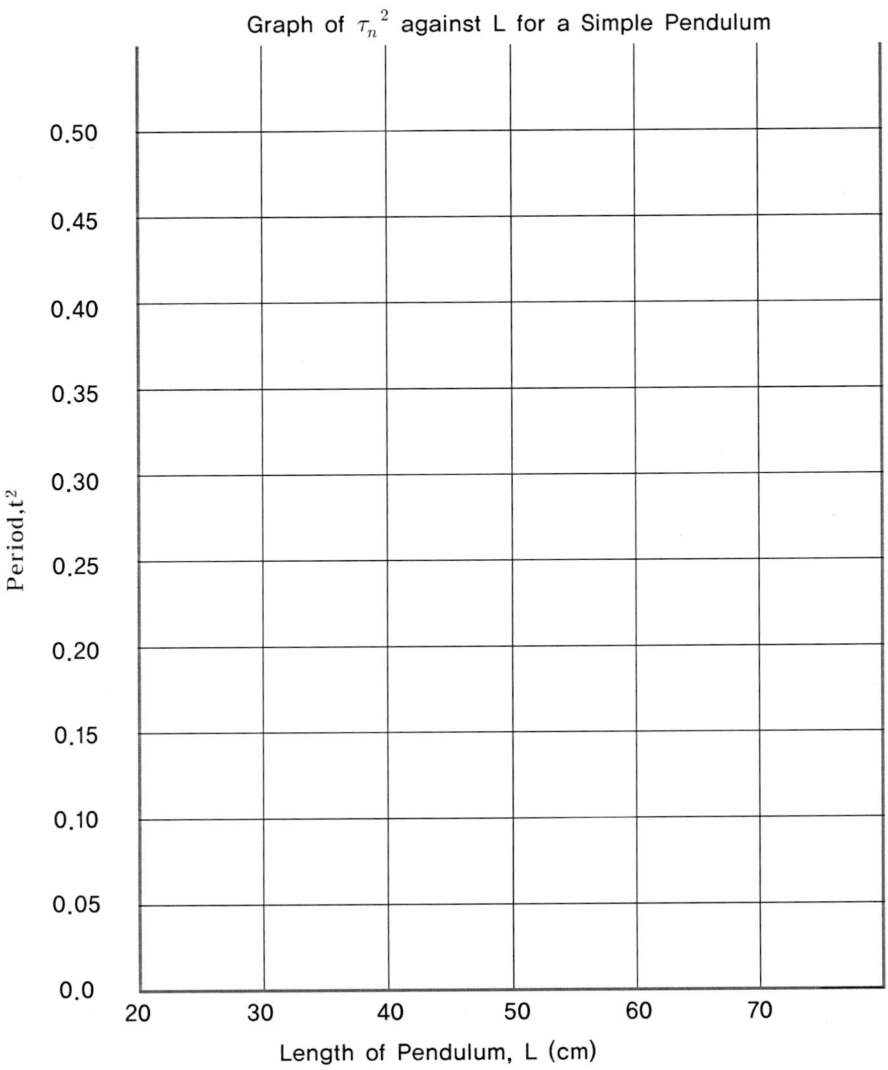

▲ **그림 1.6** Graph of τ_n^2 against L for a Simple Pendulum.

2 토의

① 표 1.1을 기록한다.

② 그림 1.6의 그래프를 그린다.

③ 본 실험에서, 실험으로부터 구한 주기 값과 이론 식에서 구한 주기 값과의 오차를 분석하고, 그 오차는 어디에 기인되었는지를 기술하라.

④ 단진자 운동의 주기에 대한 실험 값과 이론 값의 오차는 어떻게 하면 최소 화 시킬 수 있겠는가?

1.2 대수감쇠율 측정 실험

1.2.1 대수감쇠율 측정실험 목적

1 자유도 진동계 (스프링-댐퍼-질량)의 대수 감쇠율 (logarithmic decrement) 측정을 통하여, 진동이 일어나는 동안 점성감쇠에 의해 에너지가 소산되고, 따라서 시간이 경과함에 따라 진폭이 감소하는 현상을 관찰하게 되며, 이로부터 진동계의 감쇠특성을 조사한다.

1.2.2 대수감쇠율 측정 실험장치

① 만능진동시험기
② 헬리컬 스프링 (helical spring)
③ 시험 보 (test beam)
④ 그래프 용지
⑤ 고정 지그 (Jig)
⑥ pen recorder 등

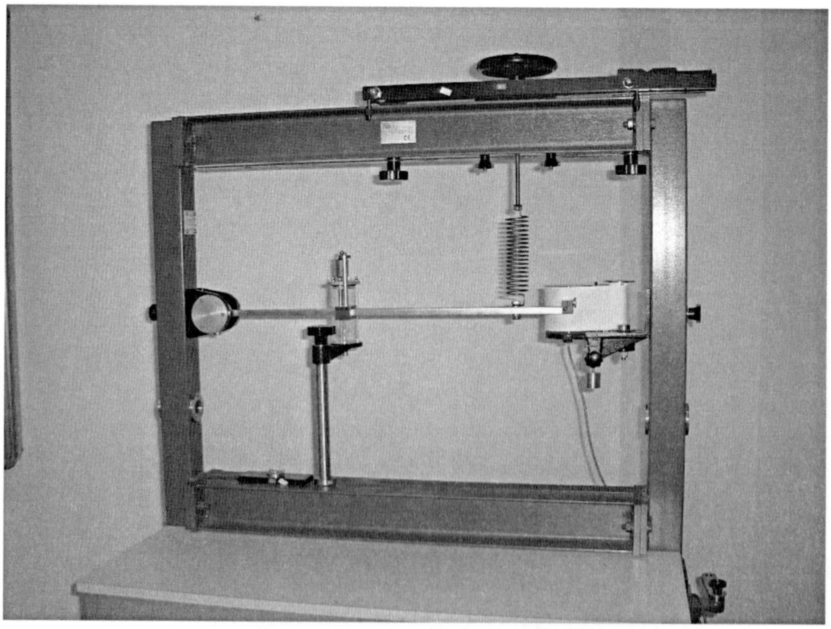

▲ **그림 1.7** 대수감쇠율 측정 실험장치

1.2.3 대수감쇠율 관련 이론

1 이론적 가정

① 공기적 저항은 무시한다.

② 그림 1.5에서 스프링의 질량은 주 질량 m에 비하여 대단히 작다고 보아 무시할 만하다고 가정한다.

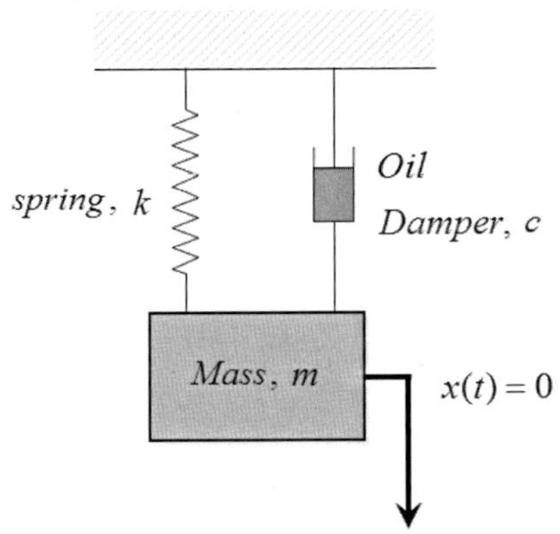

▲ **그림 1.8** 1 자유도계 감쇠 자유진동 모델

2 수식 이론

① 그림 1.8의 1 자유도계 감쇠자유진동 모델에 대한 운동 방정식은 다음과 같다.

$$m\ddot{x} + c\dot{x} + kx = 0 \tag{5}$$

식 (5)에서 m은 주 질량, c는 감쇠기의 감쇠상수, k는 스프링 상수를 나타낸다.

② 식 (5)의 해를 $x(t) = Ae^{st}$ 라 가정하고, 이를 식 (5)에 대입하고 정리하면, 다음과 같은 s에 관한 두 개의 근을 얻게 된다.

$$s_{1,2} = \frac{-c \pm \sqrt{c^2 - 4mk}}{2m} \tag{6}$$

③ 이제, 새로운 파라미터들 $\zeta = \dfrac{c}{c_c}$, $\omega_n = \sqrt{\dfrac{k}{m}}$, $c_c = 2\sqrt{mk} = 2m\omega_n$을 도입하여 식 (6)을 다시 표현하면, 다음과 같다.

$$s_{1,2} = -\zeta\omega_n \pm \omega_n\sqrt{\zeta^2 - 1} \tag{7}$$

④ 식 (7)에서 root내의 값이 음 (negative)인 경우만이 진동을 하는 경우이고, 다른 경우는 진동하지 않고, 단순히 exponentially decaying 하는 경우이다. 따라서, 감쇠 자유진동의 경우에 있어, 대수감쇠율은 진동하는 경우의 신호로부터 측정할 수 있다. 즉, 이 때의 근은 다음과 같다.

$$s_{1,2} = -\zeta\omega_n \pm \omega_n\sqrt{1 - \zeta^2} \tag{8}$$

⑤ 따라서, 점성감쇠 자유진동의 경우, 응답 (response)은 다음과 같이 표현할 수 있다.

$$x(t) = Ae^{-\zeta\omega_n t}(\sin(\sqrt{1-\zeta^2}\,\omega_n t + \psi)) \tag{9}$$

식 (9)에서 $\sqrt{1-\zeta^2}\,\omega_n = \omega_d$로서, 감쇠가 있는 경우의 고유 각진동수를 일컫는다.

3 대수감쇠율의 정의

바로 인접한 진폭의 진폭비의 자연로그로 정의된다.

4 대수감쇠율

식 (9)를 이용하여, 대수감쇠율 δ를 표시하면 다음과 같다.

$$\delta = \ln\frac{x_1}{x_2} = \ln\frac{Ae^{-\zeta\omega_n t_1}\sin(\sqrt{(1-\zeta^2)}\omega_n t_1 + \psi)}{Ae^{-\zeta\omega_n(t_1+\tau_d)}\sin(\sqrt{(1-\zeta^2)}\omega_n(t_1+\tau_d) + \psi)} \tag{10}$$

식 (10)을 정리하여 다시 쓰면 다음과 같다.

$$\delta = \ln\frac{x_1}{x_2} = \ln\frac{Ae^{-\zeta\omega_n t_1}}{Ae^{-\zeta\omega_n(t_1+\tau_d)}} = \ln e^{\zeta\omega_n\tau_d} = \zeta\omega_n\tau_d \tag{11}$$

최종적으로 식 (11)을 정리하면 다음과 같다.

$$\delta = \frac{2\pi\zeta}{\sqrt{(1-\zeta^2)}} \tag{12}$$

식 (12)가 대수감쇠율을 나타내는 표준이지만, 때에 따라, ζ가 아주 작은 경우는 대수감쇠율이 다음과 같이 압축되어 표현된다.

$$\delta \approx 2\pi\zeta \tag{13}$$

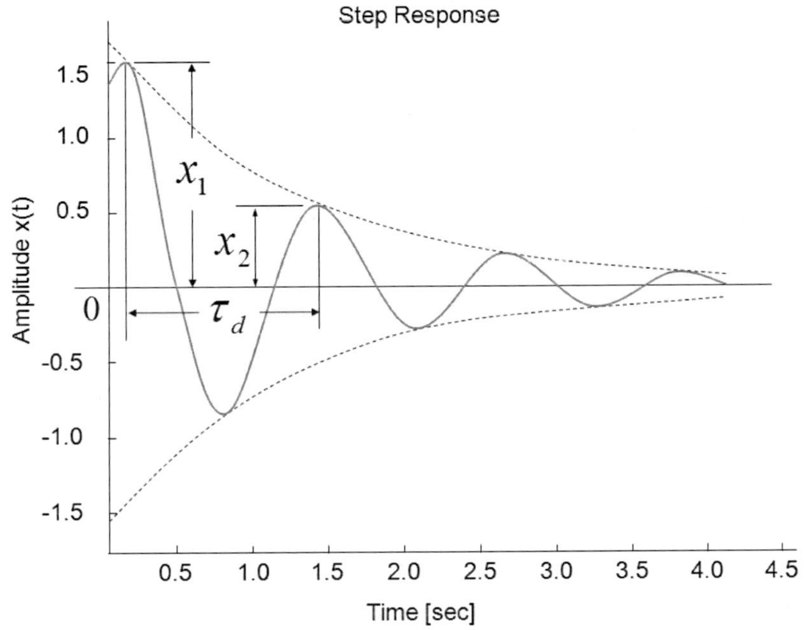

▲ **그림 1.9** 1 자유도계 감쇠 자유진동 신호

1.2.4 대수감쇠율 측정 실험방법

① 고정 지그 (jig)에 스프링 (spring), 댐퍼 (damper) 등을 고정시킨다.

② 그림 1.7에 보이는 시험보의 질량이 헬리컬 스프링의 질량에 비해 훨씬 크므로, 시험 보의 질량을 그림 1.8의 주 질량으로 충분히 간주할 수 있다.

③ 시험보 (test beam)가 정지된 자유로운 상태에서, 시험보를 한번 당겼다가 놓는다.

④ 시간의 변화에 따라 진동하면서 움직이는 시험 보의 응답 (response)을 관찰한다.

⑤ 시험 보의 응답을 펜 기록계 (pen-recorder)로 기록한다.

⑥ 그래프를 펼친 후, 바로 인접한 두 진폭의 진폭비의 자연로그 $\delta = \ln\dfrac{x_1}{x_2}$ 를 계산한다.

1.2.5 대수감쇠율 측정실험 결과 검토 및 토의

1 실험 측정결과

▼ 표 1.2 Experimental results for logarithmic decrement.

	Amplitude x_1	Amplitude x_2	Amplitude ratio $\frac{x_1}{x_2}$	$\delta = \ln \frac{x_1}{x_2}$
1				
2				
3				
4				
5				
6				
Average value				

2 토의

① 표 1.2의 빈칸을 완성한다.

② 대수감쇠율 측정 실험은 시스템의 무엇을 알기 위한 실험인가?

③ 대수감쇠율로부터 ζ의 양은 대략 얼마인가?

④ 점성감쇠 자유진동 신호에 있어, 바로 인접한 두 진폭의 진폭비의 자연로 그를 취한 값과 바로 인접하지 않은 두 진폭비의 자연로그를 취한 값은 어떤 차이가 있으며, 바로 인접하지 않은 두 진폭비의 자연로그를 취해서 이것이, 대수 감쇠율과의 어떤 관계를 갖는지를 설명하여라.

CHAPTER 02

강체의 주기측정 및 질량모멘트 계산

학 과	기계공학과	교과목	기계공학실험(I)	학 년	2	조편성	조
실험실		실험내용	강체의 주기측정 및 질량모멘트 계산	학 번		성 명	

2.1 강체의 주기 측정 및 질량모멘트 계산 실험

2.1.1 실험 목적

1) 그림 2.1에 보이는 것과 같이 수평 축에 대해, 힌지 (hinge)되어 있는 강체 봉의 미소 각변위로부터 진자운동의 주기 (period)를 측정하고, 이로부터 질량관성 모멘트를 구한다.

2.1.2 실험 장치

1) 만능진동시험기

2) 보조 악세서리

① 가는 봉 (강체로 간주함)

② 고정 척 (knife edge 포함)

③ 거치대

④ 초시계 (stop watch) 등

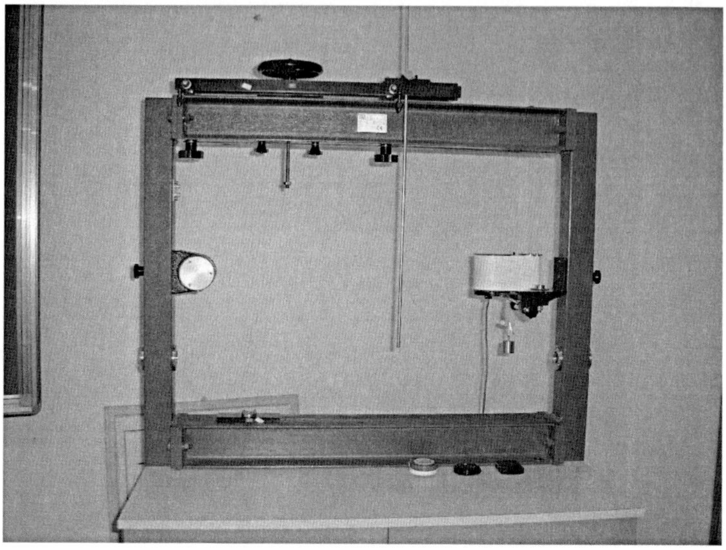

▲ **그림 2.1** 가능 봉을 힌지시킨 만능진동시험기

2.1.3 이론

1 이론적 가정

① 공기적 저항은 무시한다.

② 강체봉을 수평축에 힌지시키고, 미소한 각 θ로 진자 운동시켜 주시를 측정한다.

2 운동방정식

① 회전에 관한 Newton's 2nd law 적용 : $\sum M_A = I_A \ddot{\theta}$ (1)

여기서, I_A는 질량관성모멘트로서 다음과 같이 정의된다.

$$I_A = \int r^2 dm \tag{2}$$

식 (2)에서 점 A는 pivot 점을 나타낸다. 식 (1)의 운동방정식을 적용하면, 그림 2.2를 참조할 때, 다음과 같은 운동방정식을 얻게 된다.

$$-mgh\sin\theta = I_A\ddot{\theta} \tag{3}$$

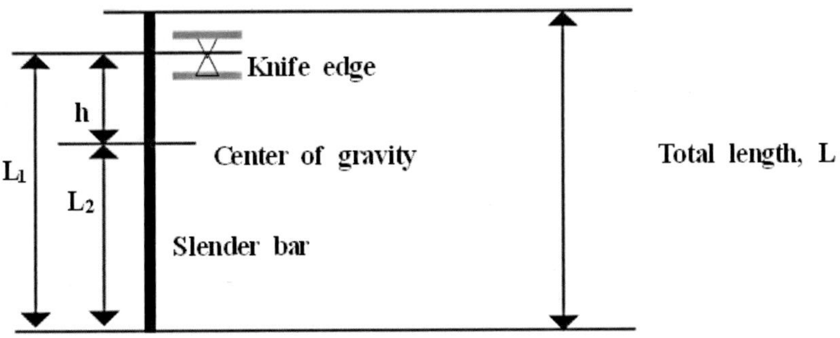

▲ 그림 2.2 수평축에 매달린 가는봉의 개략도

식 (3)을 다시 정리하면 최종적으로 다음과 같다.

$$I_A\ddot{\theta} + mgh\sin\theta = 0 \tag{4}$$

식 (4)에서 $\theta \ll 1$이면, $\sin\theta \simeq \theta$ 이다. 따라서, 다음과 같이 선형 2계 제차 상미분 방정식이 된다.

$$I_A\ddot{\theta} + mgh\theta = 0 \tag{5}$$

3 고유 각진동수와 주기 계산

식 (5)로부터 고유 각진동수는 식 (6)과 같고, 고유주기 또한 식 (7)과 같다.

$$\omega_n = \sqrt{\frac{mgh}{I_A}} \tag{6}$$

$$\tau_n = 2\pi\sqrt{\frac{I_A}{mgh}} \tag{7}$$

4 질량관성모멘트

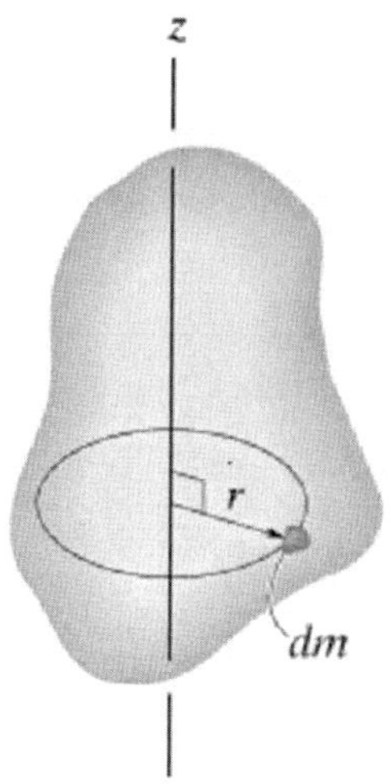

▲ 그림 2.3 강체의 예

1) 질량관성모멘트의 계산

$$I_z = \int_m r^2\, dm \tag{8}$$

2) 밀도를 ρ라 하면,

$$I_z = \rho \int_V r^2\, dV \tag{9}$$

3) 평행축 정리

① 무게 중심축에 대한 질량관성 모멘트를 I_z라 할 때, z축과 거리 d만큼 떨어져 있고, z축에 평행인 축 A에 관한 질량관성 모멘트는 다음과 같이 표현 된다.

$$I_A = I_z + md^2 \tag{10}$$

식 (10)에서 m은 강체의 총 질량을 나타낸다.

② 따라서, 실험 대상인 가는 피봇 봉의 질량관성 모멘트 I_A는 다음과 같다.

$$I_A = I_G + mh^2 = \frac{mL^2}{12} + mh^2 \tag{11}$$

여기서, h는 강체의 질량중심으로부터 pivot점 까지의 거리를 나타낸다.

2.1.4 실험 방법

① 가는 봉의 길이를 측정하고, 무게 중심의 위치를 계산한다.

② 실험하는 가는 봉의 힌지 점을 knife edge로 조인다.

③ 그림 2.2에서와 같이 h 값을 계산한다.

④ stop watch로 강체 봉의 10번 왕복운동에 대한 시간을 측정한다.

⑤ 식 (7)과 (11)을 이용하여, 다음과 같이 주기를 계산한다.

$$\tau_n = 2\pi\sqrt{\frac{I_A}{mgh}} = 2\pi\frac{\sqrt{(\frac{mL^2}{12} + mh^2)}}{\sqrt{mgh}} \tag{12}$$

2.1.5 실험결과 및 토의

1 실험 및 측정결과

▼ 표 2.1 Experimental results

$L_1(m)$	$h(m)$	Time for 10 oscillations	Period τ (sec)	h^2	$\tau^2 h$
0.60					
0.65					
0.70					
0.75					
0.80					
0.85					
0.90					

2 토의사항

① 표 2.1의 실험치 주기 값과 이론으로부터 계산된 주기 값을 비교하여 오차 (%)를 계산하라.

② 실험에서의 주기 계산식인 $\tau_n = 2\pi \dfrac{\sqrt{(\dfrac{mL^2}{12} + mh^2)}}{\sqrt{mgh}}$ 의 주기값을 토댈로 일반적인 단순 단진자의 주기 식 $\tau_n = 2\pi\sqrt{\dfrac{L}{g}}$ 의 등가 L 값을 계산하여라.

③ 주기 측정에 있어 실험값과 이론값과의 오차원인은 무엇이라고 판단되는가?

CHAPTER

03

1 자유도 시스템의 고유진동수 및 주기 측정

학 과	기계공학과	교과목	기계공학실험(Ⅰ)	학 년	2	조편성	조
실험실		실험내용	1 자유도 시스템의 고유진동수 및 주기 측정	학 번		성 명	

3.1 1 자유도 시스템의 고유진동수 및 주기 측정 실험

3.1.1 실험 목적

그림 3.1에 보이는 것과 같이 스프링-질량으로 이루어진 1 자유도계의 운동방정식을 근거로 하여, 계의 고유진동수를 계산하고, 측정한 정적처짐 값으로부터 계산된 고유진동수 값을 산출한 후, 이론과 비교한다.

3.1.2 실험 장치

① 만능진동시험기

② helical spring

③ slide gauge

④ weight

⑤ 고정 jig

⑥ stop watch 등

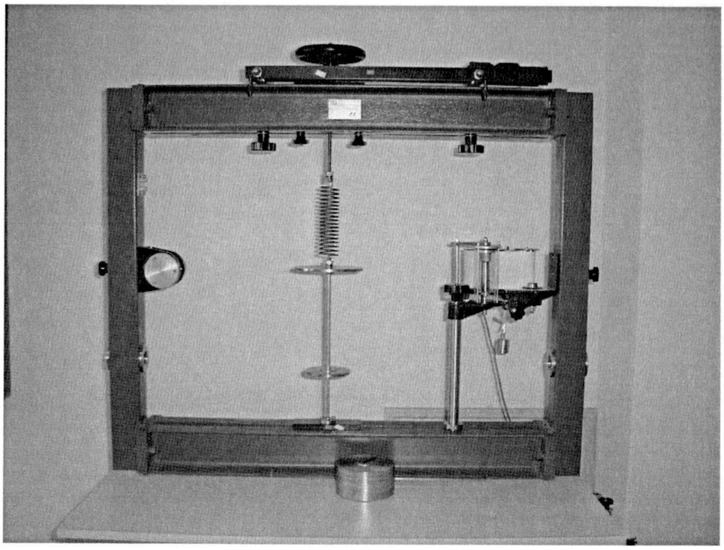

▲ **그림 3.1** 만능진동시험기에 장착된 스프링–질량으로 이루어진 1 자유도계 시스템

3.1.3 1 자유도 비감쇠 및 감쇠계의 자유진동 운동방정식

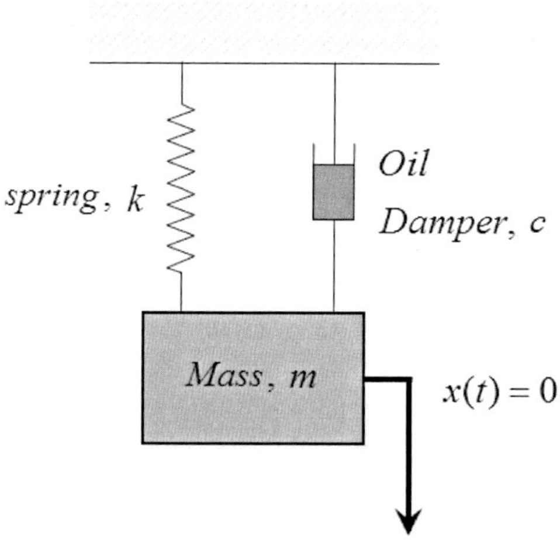

▲ **그림 3.2** 스프링–질량으로 이루어진 1 자유도 감쇠 시스템 모델

1 1 자유도 비감쇠계의 운동방정식

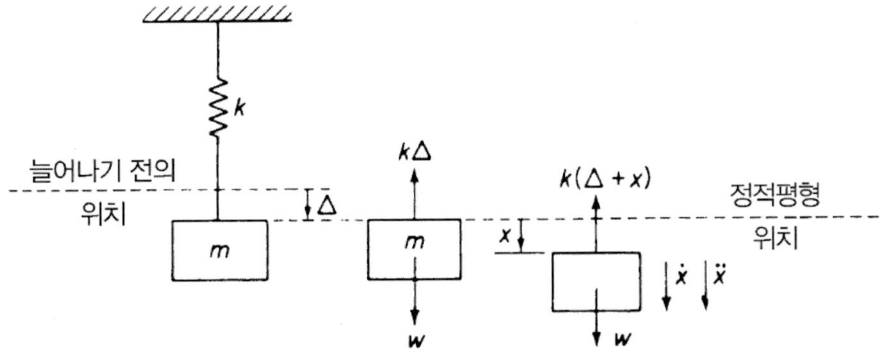

▲ **그림 3.3** 스프링-질량으로 1 자유도 비감쇠 시스템 모델

1) 수학적 모델

① 그림 3.3 모델에 있어, W는 무게, k는 스프링 상수, Δ는 스프링의 정적처짐, x는 정적평형 위치로부터의 변위를 나타낸다.

② 그림 3.3의 정적 평형위치로부터 x만큼의 변위를 가했다가 놓으면 자유진동의 운동을 하게 된다.

2) 운동 방정식

$$m\ddot{x} + kx = 0 \tag{1}$$

① 식 (1)의 해는 $x(t) = Ae^{i\omega t}$ 라 가정하면, 다음과 같은 특성방정식을 얻을 수 있다.

$$k - m\omega^2 = 0 \tag{2}$$

식 (2)로부터 고유 각진동수는 다음과 같다.

$$\omega_n = \sqrt{\frac{k}{m}} \tag{3}$$

② 윗 식으로부터 주기 τ_n은 다음과 같다.

$$\tau_n = 2\pi\sqrt{\frac{m}{k}} \tag{4}$$

③ 따라서, 고유진동수는 다음과 같이 된다.

$$f_n = \frac{1}{2\pi}\sqrt{\frac{k}{m}} \tag{5}$$

2 1 자유도 비감쇠계의 스프링 질량을 고려했을 때의 운동방정식

1) 스프링 질량 고려한 경우 모델

식 (5)는 스프링의 자중은 무시한 상태에서, 집중질량 m만을 고려한 경우의 고유진동수이다. 스프링의 질량을 고려하게 되면, 고유진동수는 더 낮아지게 되고, 스프링의 총질량을 m_s라 하고, 스프링의 질량까지 고려한 모델을 생각하자. 이 모델은 그림 3.4에 나타나 있다.

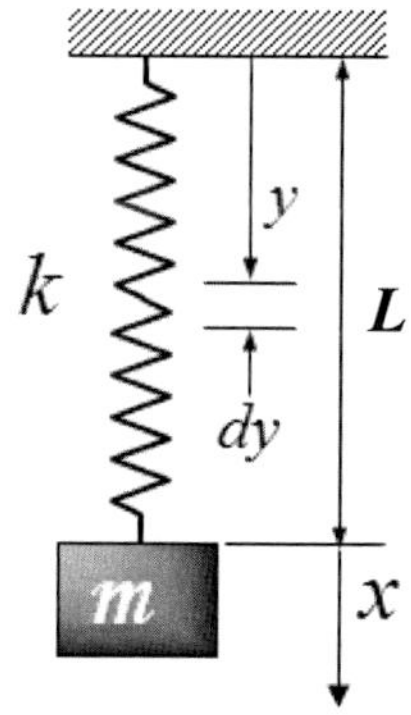

▲ **그림 3.4** 스프링-질량으로 이루어진 1 자유도 비감쇠 시스템 모델

2) 에너지 법

① 운동 에너지 T

$$T = \frac{1}{2}m\dot{x}^2 + \frac{1}{2}\int_0^L [\dot{x}\frac{y}{L}]^2 \frac{m_s}{L}\,dy = \frac{1}{2}[m + \frac{1}{3}m_s]\dot{x}^2 \tag{6}$$

② 위치 에너지 U

$$U = \frac{1}{2}kx^2 \tag{7}$$

③ Rayleigh 에너지 방법 $T_{\max} = U_{\max}$ 로부터, 고유 각진동수는 다음과 같다.

$$\omega_n = \sqrt{\frac{k}{m + \frac{1}{3}m_s}} \tag{8}$$

④ 식 (8)로부터 주기 τ_n은 다음과 같다.

$$\tau_n = 2\pi\sqrt{\frac{m + \frac{1}{3}m_s}{k}} \tag{9}$$

⑤ 따라서, 고유진동수는 다음과 같다.

$$f_n = \frac{1}{2\pi}\sqrt{\frac{k}{m + \frac{1}{3}m_s}} \tag{10}$$

3 1 자유도 감쇠계의 운동방정식

1) 운동방정식

$$m\ddot{x} + c\dot{x} + kx = 0 \tag{11}$$

식 (11)의 해를 $x(t) = Ae^{\lambda t}$ 라 가정하고, 이를 식 (11)에 대입하고, 정리하면 다음과 같다.

$$m\lambda^2 + cs + k = 0 \tag{12}$$

식 (12)의 두 개의 근은 다음과 같이 나타난다.

$$\lambda_{1.2} = \frac{-c \pm \sqrt{c^2 - 4mk}}{2m} \tag{13}$$

식 (13)의 두근은 다음과 같은 새로운 파라미터의 도입으로 보다 더 간단한 형태의 근으로 나타낼 수 있다.

2) 새로운 파라미터의 도입

$$\zeta = \frac{c}{c_c}\ ,\ c_c = 2m\sqrt{\frac{k}{m}} = 2m\omega_n\ ,\ \omega_n = \sqrt{\frac{k}{m}} \tag{14}$$

식 (14)에서 ζ는 감쇠비, c_c는 임계 감쇠상수를 나타낸다.

3) 근의 판별

① Oscillatory motion : $(0 \leq \zeta < 1)$ (Undamped case)

- Roots : $\lambda_{1,2} = -\zeta\omega_n \pm \sqrt{1-\zeta^2}\,\omega_n$
- Solution : $x(t) = e^{-\zeta\omega_n t}[A\cos\sqrt{1-\zeta^2}\,\omega_n t + B\sin\sqrt{1-\zeta^2}\,\omega_n t]$

② Non-oscillatory motion : $(\zeta > 1)$ (Overdamped case)

- Roots : $\lambda_{1,2} = -\zeta\omega_n \pm \sqrt{\zeta^2-1}\,\omega_n$
- Solution : $x(t) = e^{-\zeta\omega_n t}[A\cosh\sqrt{1-\zeta^2}\,\omega_n t + B\sinh\sqrt{1-\zeta^2}\,\omega_n t]$

③ Critical damped motion : $(\zeta = 1)$ (Critical damped case)

- Roots : $\lambda_{1,2} = -\zeta\omega_n$
- Solution : $x(t) = (A + Bt)e^{-\omega_n t}$

4) ①, ②, ③으로부터 다음과 같은 고유 각진동수, 주기, 고유진동수를 구할 수 있다.

$$\omega_d = \sqrt{1-\zeta^2}\,\omega_n = \sqrt{1-\zeta^2}\sqrt{\frac{k}{m}} \tag{15}$$

$$\tau_d = \frac{2\pi}{\sqrt{1-\zeta^2}\,\omega_n} = \frac{2\pi}{\sqrt{1-\zeta^2}}\sqrt{\frac{m}{k}} \tag{16}$$

$$f_d = \frac{1}{2\pi}\sqrt{1-\zeta^2}\,\omega_n = \frac{1}{2\pi}\sqrt{1-\zeta^2}\sqrt{\frac{k}{m}} \tag{17}$$

3.1.4 실험 방법

그림 3.1의 실험장치를 이용하여 다음의 절차대로 실험한다.

① 고정 지그에 스프링과 slide gauge를 부착한다.

① 스프링의 늘어나지 않은 위치를 게이지로 측정한다.

② 소형 무게 추 (0.4kg/EA)를 1개씩 증가시켜가며 plate 위에 올려 놓는다.

③ 바로 위의 과정을 행하면서 정적처짐 값, δ를 측정한다.

④ 위의 과정을 반복 측정한다.

3.1.5 실험결과 및 토의

1 실험 및 측정결과

▼ 표 3.1 Measurement of deflections.

Mass (kg)	Deflection, $x(mm)$		Static deflection (mm)
	Unloading	Loading	
0.0			
0.4			
0.8			
1.2			
1.6			
2.0			
2.4			
2.8			

2 토의사항

① 표 3.1의 측정값과 계산을 행한다.

② 고유진동수 $f_n = \dfrac{1}{2\pi}\sqrt{\dfrac{k}{m}} = \dfrac{1}{2\pi}\sqrt{\dfrac{g}{\delta}}$ 를 계산한다.

③ 측정된 정적처짐 값으로부터 고유진동수 f_n을 질량별로 계산한다.

④ 위의 계산결과를 초시계로 측정한 주기의 역수인 f_n 값과 비교하여 오차를 계산한다.

CHAPTER

04 기계 재료

학 과	기계공학과	교과목	기계공학실험(Ⅰ)	학 년	2	조편성	조
실험실		실험내용	기계 재료	학 번		성 명	

4.1 재료의 기계적 성질

재료란 기계나 구조물을 구성하는 물질 또는 기계나 구조물을 만들기 위해 사용되는 물질을 말한다. 때로는 광범위한 물질 그 자체를 말한다. 물질의 성질은 화학적 성질, 물리적 성질, 기계적 성질로 나뉜다. 물리적 및 기계적 성질은 외력에 의한 변형 및 파괴에 대한 저항성을 의미하는 경우가 많다. 탄성률은 외력과 변형량의 비에서 구하게 되며 이를 기계적 성질에 포함시킬 수 있다. 그러나 대단히 적은 변형률 범위를 취급하는 경우가 많기 때문에 물리적 성질에 포함시킬 수도 있다.

물질은 일반적으로 불순물이나 개재물 또는 원자배열의 흐트러짐 등의 여러 가지 결함을 갖고 있다. 물질의 성질은 이런 불순물이나 결함에 민감하게 변화하는 경우와 그렇지 않은 경우가 있다. 예를 살펴보면, 고순도의 아연 (Zn)은 묽은 황산에 용해되기 어렵지만 미량의 구리 (Cu)를 함유하는 아연은 수소를 발생하면서 용해되는데 이는 화학적 성질의 조직민감성의 예를 보여준다. 일반적으로 기계적 성질은 조직민감성을 나타내는 것이 많기 때문에 그 기계적 성질을 시험할 때에는 동시에 조직관찰을 하며 이것에 대한 결과를 검토 필수적으로 해야 한다.

이와 같이 조직의 관찰, 또는 재료의 화학적, 물리적 성질과 기계적 성질은 서로 밀접한 관계가 있으며, 재료의 기계적 시험에서는 이들 전부에 관한 깊은 지식이 요구되지만 여기에서는 주로 기계적 성질의 측정방법에 대해서만 설명한다.

4.2 재료 시험의 목적

기계 및 구조물을 만들기 위해서는 다양한 재료가 사용된다. 구조적으로 안전하도록 설계하기 위해 강도, 탄성계수, 포아송 비, 경도 등의 재료의 기계적 성질을 확보해야 하며 이를 "재료 시험"을 통해 도출한다.

재료 시험 중 재료를 잡아 당겨서 그 재료의 인장력을 측정하는 것을 주목적으로 하는 시험을 인장 시험이라 한다. 이 인장 시험으로 재료의 기계적 성질 즉, 탄성적 성질, 소성 변형 저항, 비례한도, 탄성한도, 탄성계수, 진 파단력과 포아송 비 및 파단 강도 등을 파악할 수 있다.

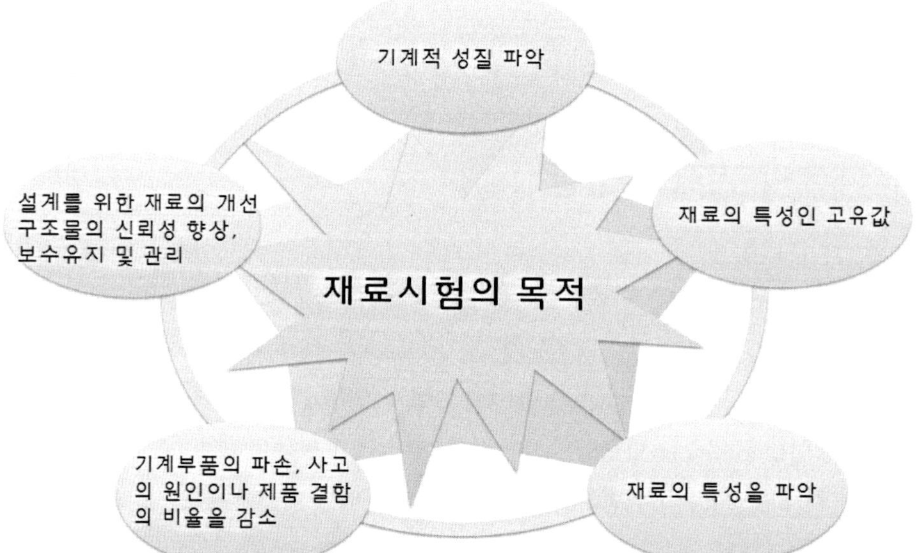

▲ **그림 4.1** 재료시험의 목적

4.3 기계 재료의 정의

재료란 인간이 필요로 하는 물건을 만드는데 사용되는 소재를 말한다. 이 중 기계 재료는 기계를 구성하는 최소단위의 물질이다. 기계 재료는 적합한 기능, 내구성, 기계적 성질을 가져야 하며 필요한 형상으로 가공할 수 있어야 하며 크게 금속 재료와 비금속 재료로 구분할 수 있다.

4.4 기계 재료의 특징

기계 재료는 각종 기계와 구조물의 구성 재료로서 그들의 기능을 발휘할 수 있는 특성뿐 아니라 요구되는 모양과 치수로 공작하기 위한 가공성과 제품의 생산과 관련되는 경제성을 갖고 있어야 한다. 현대 산업 발전의 근간을 이루고 있는 현대화된 기계 공업은 전자 기술의 급속한 발전에 따라 기계에 의한 제조 공업이 더욱 발달되면서 기계 부품의 소형 정밀화, 공작 기계 및 생산 설비의 자동화, 로봇을 이용한 생산의 무인화로 생산 체제가 크게 달라지면서 공장 자동화가 보편화되고, 이에 따른 기계 재료의 중요성이 더욱 높아지고 있다.

기계를 구성하는 재료는 주로 고체 상태의 물질이며, 여기에는 금속재료가 주로 사용되고 있다. 이 밖에 액체와 기체도 사용된다. 즉 유압 기기에는 기름이, 공압 기계 등은 공기가 기계적 작동을 하는데 중요한 물질이다. 또한 수압 기계의 물, 내연 기관의 연료 등의 물질도 기계와 밀접한 관계를 갖는다. 이 재료들은 기계 내부의 압력이나 폭발 등의 작용에 의해 물질의 상태가 변하는 경우도 적지 않다.

4.5 기계 재료의 분류 및 종류

4.5.1 분류

1 재질적 분류

① 기계 재료에는 금속 재료와 비금속 재료가 있는데 비금속 재료는 세라믹 등과 같은 무기질 재료와 고분자 재료 및 플라스틱의 유기질 재료로 나누어진다. 이 중, 기계재료로 가장 중요한 것은 금속으로 기계의 구성 재료의 대부분을 차지하고 있다.

② 최근 기계 재료로 이용할 수 있는 무기화합물, 유기합성 재료가 개발되어 새로운 기계 재료로 활용하는 사례도 많아지고 있으며, 기계의 보조 재료로서 그 중요성이 높아지고 있다.

2 용도 및 기능적 분류

① 기계 재료를 용도 및 기능에 따라 분류하면 기계나 구조물의 골격과 기계 구성부품에 사용되는 구조용 재료와 특정 용도 또는 특수 조건의 기능에 쓰이는 특수 용도용 재료로 크게 나눌 수 있다.

② 구조용 재료는 일반 구조용과 기계 구조용으로 나누어지며 특수 용도용 재료에는 공구용 재료, 베어링용 재료 및 스프링 재료 등이 있다. 또 특수한 기능에 사용되는 재료로는 강도 기능재료, 경도 기능재료, 열적 기능재료, 전기·전자적 기능재료, 자기적 기능재료, 원자력 관련 기능재료, 생체 기능재료 등이 있다.

③ 금속 재료는 주로 기계의 구성 재료로 쓰이는데 요구되는 모든 조건을 만족시키지 못하는 경우도 있기 때문에 열을 받는 부분이나 단열부분 및 전기 절연부분에는 비금속 재료를 사용할 때가 많다.

④ 최근 화학공업의 발달과 더불어 강도와 내구성이 금속 재료와 대등한 성질을 가진 플라스틱 등의 비금속 재료가 개발되어, 내식성과 조형성이 요구되는 부품에 이러한 재료들이 많이 쓰이고 있다.

⑤ 이 밖에 기계공업에 쓰이는 비금속 재료에는 기계 기초용 재료, 연삭용 재료, 합성수지, 고무, 유리, 가죽, 페인트 및 접착제 등이 있다.

⑥ 기계 재료의 재질적 분류

기계 재료는 재질에 따라 그림 4.2와 같이 분류할 수 있다.

- 기계 재료
  - 금속 재료
    - 철강 재료
      - 순철 — 전해철
      - 강 — 탄소강, 합금강, 주강
      - 주철 — 보통 주철, 특수 주철
    - 비철 금속 재료
      - 알루미늄과 그 합금
      - 구리와 그 합금
      - 마그네슘과 그 합금
      - 티탄과 그 합금
      - 니켈과 그 합금
      - 아연, 납, 주석과 그 합금
      - 귀금속 등
  - 비금속 재료
    - 무기질 재료 — 유리, 시멘트, 석재 등
    - 유기질 재료 — 플라스틱, 목재, 고무, 피혁, 직물 등

▲ **그림 4.2** 기계 재료의 재질적 분류

4.5.2 종류

재료거동학에서 다루게 되는 재료는 다양한 종류로 분류할 수 있으며 각 재료들은 고유의 독특한 물성을 보유하고 있어 용도별로 사용되고 있다. 재료는 여러 기준으로 분류가 가능하지만, 여기서는 금속 재료, 고분자 재료, 세라믹 재료, 복합 재료, 전자 재료, 그 밖의 기계 재료를 소개한다.

1 금속 재료

금속 원소와 비금속 원소에 의해 구성되는 무기재료를 금속재료라 한다. 대표적인 금속 원소에는 철 (Fe), 동 (Cu), 알루미늄 (Al), 니켈 (Ni), 타이타늄 (Ti) 등이 있고, 비금속 원소에는 탄소 (C), 질소 (N) 등이 있으며, 산소 (O)도 금속 재료에 혼입되어 있다. 금속은 원자가 규칙적으로 배열된 결정 구조를 하고 있다. 금속과 합금은 강이나 주강처럼 철의 함량 비율이 높은 철계 금속 합금과 상대적으로 철의 함유량이 적거나 철을 거의 포함하지 않는 비철금속이 있다. 비철 금속에는 알루미늄, 동, 아연, 타이타늄, 니켈 등이 있다. 비철 금속은 철강 이외의 금속재료를 총칭하는 것으로 그 종류가 매우 많다.
금속재료의 일반적인 성질은 다음과 같다.

① 경도 및 내마모성이 우수하다.
② 강도가 높고 내구성이 우수하다.
③ 전연성이 풍부하며 가공 변형이 쉽다.
④ 일반적으로 열, 전기의 양도체이며 이온화하면 양이온 (+)이 된다.
⑤ 대부분 주조성이 좋으며 합금과 회수가 가능하다.
⑥ 고광택을 지니며 열과 빛을 반사한다.
⑦ 가공시간, 설비 및 비용이 많이 든다.
⑧ 상온에서 대부분 고체이다.
⑨ 공기, 물 중에서 산화되며 화학약품 등에 부식되기 쉽다.

2 고분자 재료

고분자 재료는 탄소를 포함하는 긴 사슬이나 망상으로 연결된 분자로 구성된 유기체 재료를 고분자 재료라 한다. 고분자 재료는 구조적으로 비결정질이나 일부는 결정질과 비결정질 영역의 혼합으로 구성되어 있다.

고분자 재료의 일반적인 성질은 다음과 같다.

① 강도와 인성은 매우 다양하다.

② 전기 전도성은 매우 낮다.

③ 밀도가 작다.

④ 상대적으로 낮은 연화 온도와 분해 온도를 갖는다.

3 세라믹 재료

세라믹 재료는 금속 원소와 비금속 원소가 화학적으로 결합하여 구성된 무기 재료로, 결정질과 비결정질 또는 이 둘의 혼합으로 구성되어 있다. 또한 세라믹 재료는 재료의 성질에 의해 공업 재료로 많이 사용되고 있다. 세라믹는 고온에서의 내마멸성과 단열성이 특히 우수하므로 고온에서 용해하는 금속의 노벽에 사용되고 있다. 새로운 세라믹 재료는 우주 왕복선이 대기권으로 재진입 할 때 고온으로부터 내부의 알루미늄 구조물과 차폐하기 위하여 외벽으로 사용하고 있다.

세라믹 재료의 일반적인 성질은 다음과 같다.

① 높은 강도와 경량화가 우수하다.

② 저마찰 계수, 내열성, 내마멸성, 단열성이 우수하다.

4 복합 재료

복합재료는 두 가지 이상의 다른 재료를 물리적으로 결합하여 하나의 통합된 성질을 나타내는 새로운 재료이다. 거시적으로 볼 때 구성된 재료들의 성분이 화학적으로 결합되는 것이 아니라 각 재료의 특성을 유지한 채로 물리적으로 혼합되어 있는 상태이다. 복합재료는 높은 강도와 낮은 체적대비 중량으로서 강도와 중량을 중요시하는 각종 분야에서 널리 사용되고 있다. 이러한 요소들로 구성된 복합재료는 일반적으로 층상 복합재료, 입자강화 복합재료, 섬유강화 복합재료 등으로 구분할 수 있다. 섬유와 모재를 사용하여 제작하는 섬유강화 복합재료에서 섬유는 복합재료에서 필요한 강도 부분을 감당하고 모재는 섬유를 둘러싸고 있어 외부 환경으로부터 보호하는 역할과 역학적인 인성을 보충해 주는 역할을 하고 있다. 섬유강화 복합재료는 피로강도도 높은 편이므로 군사무기나 우주선, 항공기를 비롯하여 최근에는 자동차와 레저용품까지 그 사용 범위가 넓어지고 있다.

복합재료로서 개선 할 수 있는 특성은 강도 및 강성도, 내식성, 피로수명, 내마모성, 충격특성, 내열성, 전기 절연성, 단열성, 경량화 외관 등을 들 수 있다. 이러한 특성이 동시에 모두 개선되는 것은 아니며 목적에 맞게 필요에 따라 선택하여 쓸 수 있다. 예를 들어 섬유의 종류가 탄소섬유이며 모재의 재료가 에폭시로 구성되어 있을 때 carbon/epoxy와 같이 표시한다. 널리 사용되는 섬유와 모재의 구성에는 Carbon/epoxy ASA/3501-6, Carbon/epoxy T300/5208, Boron/epoxy, Kevlar 49/epoxy, E-glass/epoxy 등이 있다.

5 전자 재료

전재 재료는 구조 재료에 비해 생산량은 적으나 최근에는 정보화 사회의 형성에 있어서 매우 중요한 역할을 담당하고 있는 공업 재료이다. 이들 중에서 가장 중요한 전자 재료는 금속과 절연체의 중간 정도의 도전성을 가진 물질인 반도체가 있다. 반도체 재료에는 규소 (Si), 저마늄 (Ge), 셀레늄 (Se), 텔루륨 (Te) 등이 있다.

6 그 밖의 기계 재료

기계 재료에는 기능성 재료인 초전도 재료, 비정질 합금, 형상기억 합금, 수소 저장 합금, 제진 재료 및 원자로용 재료 등이 있다. 이 밖에 기계 재료로는 사용되는 비금속 재료로 석재, 시멘트, 유리, 노재와 보온재, 목재, 고무와 섬유, 윤활유와 절삭유, 페인트와 접착제 등 종류가 많이 있다.

4.6 기계 재료에 필요한 성질

기계 재료는 기계나 구조물을 구성하고 있는 본체와 요소 부품으로 사용되므로, 이들은 기계나 구조물로서의 기능을 발휘할 수 있는 강도와 물리적, 화학적 성질 등을 갖고 있어야하며, 여기에 원하는 모양과 치수로 가공하는 데 필요한 가공성 대량생산방식에 적합한 균질성과 경제성도 가지고 있어야 한다. 일반적으로 금속 재료는 비중과 열전도율이 크고, 전기 양도체이다. 그러나 유기 고분자 재료인 플라스틱은 비중이 작고 열전도가 나쁘며, 전기의 절연물이다. 이에 무기질 재료의 비중은 유기질 재료에 비해서 크지만 금속 재료보다 작은 것이 특징이다.

4.6.1 기계 재료에 필요한 일반적인 성질

① 주조성, 소성, 절삭성 등이 양호해야 한다.

② 열처리성이 우수하며, 표면처리성이 좋아야 한다.

③ 기계적 성질, 화학적 성질이 우수하고 경량화가 가능해야 한다.

④ 재료의 보급과 대량생산이 가능하며, 제품값과 관련한 경제성이 있어야 한다.

⑤ 사용조건이나 환경에 대하여 안전성, 내식성, 내열성 그리고 인간공학적 측면에서의 구조와 기능에도 알맞은 성질이 요구되고 있다.

4.6.2 기능에 관한 성질

1 하중에 견디는 성질

① 기계나 구조물을 구성하는 재료는 이에 가해지는 하중에 대하여 파괴되거나 변형되는 일이 없이 안전하게 기능을 발휘할 수 있는 강도를 가지고 있어야 한다.

② 기계나 구조물에 가해지는 외력으로는 정하중과 동하중이 있는데 이들 하중에 대한 재료의 저항력으로는 정적강도, 피로강도, 충격강도 및 경도 등이 중요하다.

2 사용 환경에 따른 성질

① 기계 재료는 기계부품이 사용되는 조건과 환경에서도 기능을 발휘할 수 있는 성질을 가지고 있어야 한다.

② 기계에는 운동을 전달하는데 필요한 베어링과 미끄럼 부분이 많은데 이들 기계요소에는 마찰에 견디는 내마멸성이 요구된다.

③ 열기관, 열간 가공기 등의 기계부품과 절삭공구. 그리고 열간 성형기계 기구 등은 고온상태에 있게 되므로 고온에서의 내식성, 내산화성, 고온강도 등이 우수해야 한다.

④ 저온지역이나 저온 상태에서 사용되는 기계나 설비들은 이런 환경조건에 견딜 수 있는 성질이 있어야 한다.

⑤ 물, 산, 알칼리 등에 접해 사용되는 기계와 장비는 내식성이 요구된다.

3 가공에 필요한 성질

① 기계 재료에 있어서 특히 금속 재료의 가공성에는 고온에서 액체로 되는 용해성, 소성변형의 전연성, 사용목적에 알맞은 형태로 가공할 수 있는 정도를 나타내는 절삭성, 그리고 용해성을 이용하여 결합할 수 있는 용접성 등이 있다.

② 모든 기계 재료는 아무리 좋은 기계적 성질을 가지고 있어도 가공성이 나쁘면 그 사용에 제한을 받게 된다.

4 경량화를 위한 성질

① 비중이 작은 재료를 사용한다.

② 구조를 되도록 간단하게 하여 사용 재료를 감소시킨다.

③ 두께가 얇아도 성능이 좋은 재료를 사용한다.

5 외관성

① 현대와 같이 제품수명이 짧아지고 소비자의 다양한 요구와 다품종 소량생산 체제에 부응하기 위해서는 설계자가 디자인으로 대응해야 하는데 이를 위해서는 제품의 외관성을 중요하게 생각해야 한다.

② 특히 자동차, 냉장고, TV, 가전제품 등은 외관이 중요하므로 이에 알맞은 재료를 선택해야 한다.

③ 이 밖에도 기계 재료에 요구되는 성질에는 인성, 내마멸성 및 내피로성이 큰 재료를 사용함으로써 균열 및 파괴 (파손) 등이 없도록 안전성, 그리고 다량생산을 함으로써 생산단가를 낮추는 양산성을 들 수 있다.

표 4.1은 여러 가지 기계 재료가 사용 상태에서 필요로 하는 성질을 요약한 것이다.

▼ **표 4.1** 사용 상태의 기계 재료의 성질

사용조건	성질	종류
1. 외력 2. 마찰, 마멸 3. 부식 4. 변질	기계적 성질 또는 강도 내마멸성 내식성 안전성	탄성률, 정적 강도, 충격 강도, 경도, 내구 강도, 내마멸 조건, 경도를 내마멸성에 관련시킨 경우 내습성, 내후성, 열, 방사선 기타

- 경도 : 외부압력에 대한 재료의 단단한 정도로 마멸, 절삭에 대한 저항도
- 전성 : 부서짐 없이 넓게 늘어나며 펴지는 성질
- 금 (Au) > 은 (Ag) > 알루미늄 (Al) > 구리 (Cu) > 주석 (Sn) > 백금 (Pt) > 납 (Pb) > 아연 (Zn) > 철 (Fe)
- 연성 : 끊어지지 않고 길게 선으로 뽑힐 수 있는 성질
  금 (Au) > 은 (Ag) > 백금 (Pt) > 철 (Fe) > 구리 (Cu) > 알루미늄 (Al) > 니켈 (Ni) > 아연 (Zn) > 주석 (Sn) > 납 (Pb)
- 인장강도 : 물체의 길이 방향으로 압력을 가하거나 잡아 당겨도 부서지지 않는 힘 - 적절한 공구 사용의 가능성을 알 수 있다.
- 탄성 : 압축, 절곡 등의 변형 시 원래의 형태로 돌아오려는 성질, 대체로 합금 시 높아진다.
- 인성 : 휘거나 비틀거나 구부렸을 때 버티는 힘
- 취성 : 금속의 약한 정도로, 변형되지 않고 쉽게 분열되는 성질 – 취성이 높으면 전연성이 떨어진다.

4.7 기계 재료의 선정

기계를 구성하고 있는 각 부품의 재료는 사용되는 조건과 환경에 따라 그 기능을 충분히 발휘할 수 있는 성질을 가지고 있어야 하고, 여기에 기계공작에 필요한 가공성과 생산가에 미치는 경제성을 고려하여 선택해야 한다.

1 선정조건

① 각 기계부품에 요구되는 기능을 충분히 분석하여, 하중의 종류와 크기 등의 부하조건으로부터 강도나 그 밖의 기계적 성질을 검토한다.

② 각 부품의 사용조건이나 사용환경을 고려하여 내마멸성, 내식성, 내열성 등이 검토되어야 한다.

③ 소재를 요구하는 모양과 치수로 가공하는데 필요한 재료의 적합성, 즉 주조성, 소성 가공성, 용접성, 절삭성, 등 생산에 요구되는 가공성이 검토되어야 한다.

④ 소재의 가격과 구입의 용이성 등 경제성이 조사·검토되어야 한다.

⑤ 기계 재료의 선정 조건은 다양하므로 재료의 종류, 성분, 성질 및 모양 등에 따라 일정한 규격으로 분류, 생산·보급하면 그 선택이 용이하고 경제적이다.

일반적인 기계 재료의 종류에 대해서는 각 나라마다 공식기관에 의해 그 나라의 특성에 맞게 규격을 제정, 적용하고 있는데 우리나라에서도 1966년에 제정되어 사용하고 있는 한국산업규격(KS : Korea Industrial Standard)에 기계 재료에 대한 규격을 규정하고 있다. 이 밖에도 재료를 공급하는 특정 기업이나 사용하는 공장에서 특정한 규격을 정하여 공급하거나 수급 받아 사용하는 경우가 있다.

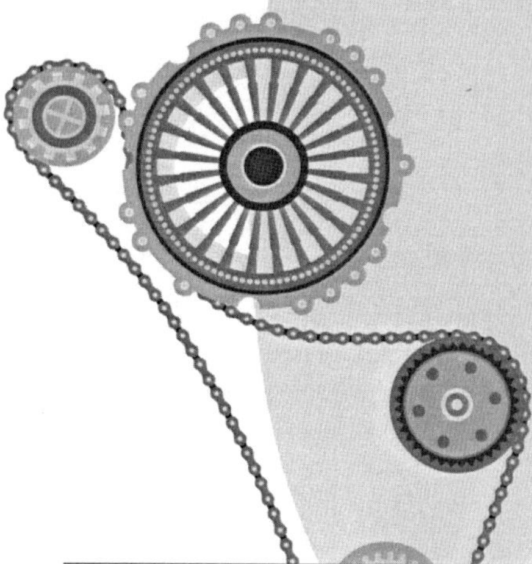

CHAPTER

05 재료 시험

학 과	기계공학과	교과목	기계공학실험(I)	학 년	2	조편성	조
실험실		실험내용	재료 시험	학 번		성 명	

5.1 재료 시험이란

재료가 다양한 용도에 적합하게 사용되기 위해서는 일관적인 형태의 개념이 반드시 정립되어 있어야 한다. 예를 들어, 많은 하중을 받는 구조물에 사용될 것인지, 아니면 강도는 유지하며 무게를 가볍게 해야 하는 것인지, 또는 염분의 부식을 우려해야할 환경에서 사용될 것인지 등의 문제를 사전에 고려하기 위해서는 재료의 거동이 잘 묘사된 수학적 형태로 된 정보가 주어져야 한다. 이러한 정보는 많은 재료 시험을 통해서 축적되고 공유된다. 실제로 재료는 주어진 상황에 따라 매우 복합한 거동을 보이게 되며 이를 단순화 시키는 작업을 통해 기본적인 설계에 적용할 수 있도록 만들어 가는 과정이 진행되었다. 가장 널리 사용되는 방법은 힘과 변형의 관계를 방정식으로 표시하는 것이다.

5.2 재료 시험의 분류 및 종류

기계 및 구조물 등의 사용대상을 설계 제작할 때는 그 기능, 강도, 성능, 강성, 표면상태, 생산 방식 등의 요구되는 모든 성질이 명확하기 위해서 재료 시험이 요구된다. 각종 공업제품의 제조에서 품질관리 및 출하관리에 필요한 데이터를 획득을 위하여 각종의 재료 시험과 정밀한 검사가 필요하다.

시험항목은 각종 구조용, 기능용 및 가공용 등 그 용도별 특성 그리고 봉, 관, 판 및 표면처리 등 제품 특유의 규정과 필요한 요건을 대상으로 실시하고 있다. 재료 시험을 크게 분류하면 재료의 강도, 파괴 및 변형 등의 성질을 대상으로 하는 넓은 의미의 재료 시험과 특정한 목적을 가진 재료 시험으로 분류할 수 있다. 이 밖에도 재료를 파손시키지 않고 검사하는 비파괴 시험, 기계·구조물에 발생하는 응력의 상태를 측정하기 위한 응력측정 시험 등이 있다.

5.2.1 분류

1 일반 재료 시험

재료 시험은 작용하는 하중상태 및 조건에 따라 정적 시험과 동적 시험으로 분류한다.

① 정적 시험

정적인 하중을 가하여 시험하는 것으로 정하중 시험이라고 한다. 인장, 압축, 전단, 굽힘, 비틀림 등의 시험을 총칭한 것으로 비교적 짧은 시간 내에 시험목적을 달성할 수 있으나 크리프 시험 같이 긴 시간이 필요한 정적 시험도 있다.

예 인장 시험, 압축 시험, 굽힘 시험, 전단 시험, 비틀림 시험, 경도 시험, 크리프 시험

② 동적 시험

재료에 동적하중을 가하면서 시험하는 것으로서 비교적 실제상태와 근사한 조건의 시험이라 할 수 있으며, 동적 시험에 속하는 대표적인 시험으로는 충격 시험과 피로 시험이 있다.

예 충격 시험, 피로 시험

③ 특수 재료 시험

특수한 목적으로 재료를 시험하는 것으로 시험편을 파괴 또는 변형을 주어 시험하는 것으로 파괴 시험이라고 한다.

예 연성 시험, 스프링 시험

④ 공업적 시험

시험 대상재료의 표면이 일정하지 않고 노치가 있는 시험편일 경우에는 그 부분에 응력 집중현상이 발생하여 변형이 발생하므로 제품생산 과정이나 실제 사용조건과 같은 상태에서 시험하는 방법이다.

예 마모 시험, 가공성 시험, 용접성 시험, 부식환경에 대한 시험, 다축 응력 시험, 기타 사용상태를 재현하는 시험

⑤ 비파괴 시험

기계 및 구조물의 시험대상 재료 또는 제품을 파괴하지 않고 내부의 결함 혹은 미세한 결함을 조사하는 시험으로 다음과 같은 방법이 있다.

예 X-선 탐상시험, 초음파 탐상시험, 자분 탐상시험, 와류 탐상시험, 침투 탐상시험, 향 탐상시험, 누설시험, 육안검사

⑥ 응력 측정시험

응력 측정시험 방법으로는 다음과 같다.

예 기계 광학적 시험, 광탄성 시험, 응력도료법, X-ray에 의한 응력측정, 음향 방출법, 무아래 응력측정, 전기적 스트레인 측정, 열탄성 응력해석

5.2.2 종류

1 인장 시험

재료가 정적 인장하중을 받는 경우에 재료의 기본적인 기계적 성질을 가장 많이 이용하여 설계 시에 그 값을 적용하기 위한 시험을 인장 시험이라 한다. 즉, 재료의 인장강도에 대한 기초 자료를 얻기 위한 공업 시험으로 그 시험방법은 한국 공업규격 (KS)의 금속재료 인장 시험방법 (KS B 0802), 인장 시험편 (KS B 0801), 인장 시험기 (KS B 5521)에 규정하여 시험하는 것을 원칙으로 하고 있다.

인장 시험에서 측정할 수 있는 재료의 기계적 성질은 항복점, 인장강도, 연신율, 단면수축률, 비례한도, 탄성한도, 진 파단력, 포아송 비 등을 측정한다. 이밖에 응력과 변형률을 나타내는 선도는 재료의 변형 특성을 나타내는 중요한 자료이며, 인장 시 파단면의 모양은 수직응력에 따라 부재의 강도 계산에 매우 좋은 자료이다. 그림 5.1은 연강의 경우 응력-변형률 선도를 보여준다.

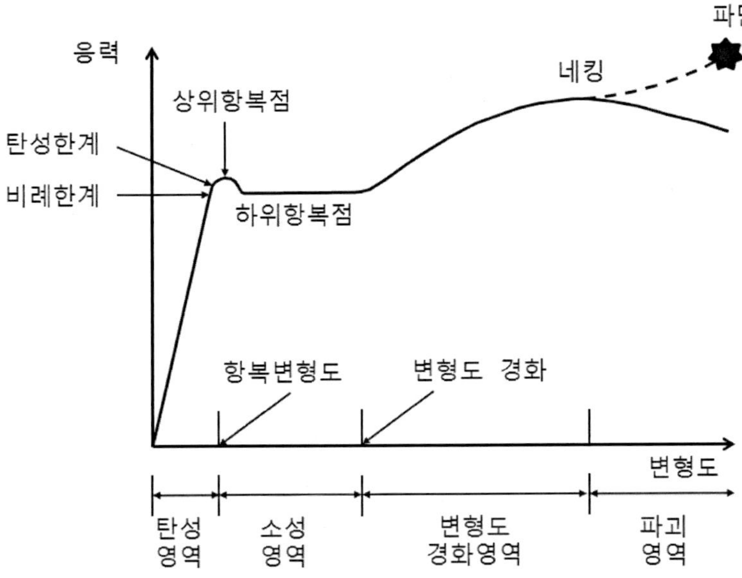

▲ **그림 5.1** 응력-변형률 선도

부재의 노치현상, 기타 설계조건에 의한 일정하지 않은 조건을 받을 때 항복점, 파단 강도 및 파단에 의한 역학적 조건은 인장 시험결과로서 변형저항의 상태를 조사하며, 하중에 의한 변형 저항도를 예측할 수가 있다.

특히 소성 영역 내에서 응력과 변형률 관계는 소성변형 자료의 기초가 되며, 하중에 대한 결과나 반복하중에 대한 재료의 강도파악은 인장 시험에서 광범위하게 고찰할 수 있다. 따라서 인장 시험의 목적은 재료의 기계적 성질을 규명하고 시험기의 구조와 기능을 이해하여 정밀한 시험 방법을 습득하는 데 있다. 그림 5.2는 인장 시험을 보여준다.

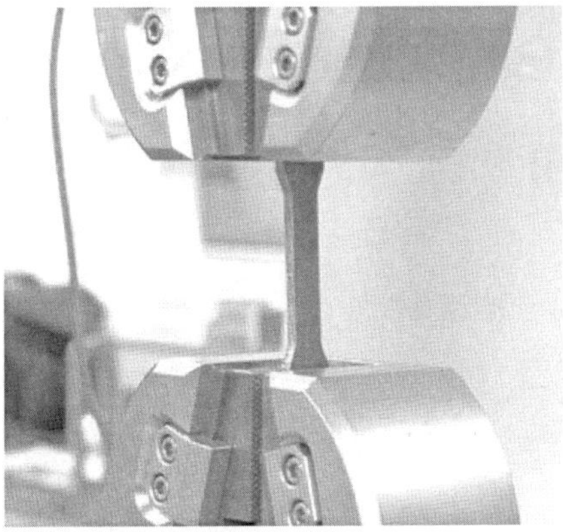

▲ **그림 5.2** 인장 시험

2 압축 시험

재료에 압축력이 가해졌을 때 변형저항 및 파괴강도를 구하기 위해서는 압축 시험을 해야 한다. 예를 들면, 연성이 큰 금속의 소성가공성의 판정이나 주철, 축 재료, 콘크리트와 같은 취성재료의 압축파괴강도의 판정에 공업적으로 이용된다.

압축 시험은 인장 시험과는 반대 방향으로 하중을 가한다. 연성 재료에서는 하중축과 45°를 이루는 면에, 압축의 경우도 인장과 같이 최대전단응력이 생기고, 슬립변형이 일어난다. 따라서 압축항복응력은 동일 재료에서는 인장항복응력과 거의 같고, 탄성계수도 거의 같다. 단, 이들의 관계는 등방성재료라고 볼 수 있는 재료의 경우이며, 특별히 이방성을 가진 재료는 인장과 압축에서의 항복점은 다르다.

응력축에 45°면상의 전단응력의 크기는 인장 또는 압축응력의 1/2이지만, 이 면에서 걸리는 수직응력은 인장부하 경우는 인장력이고 압축부하 경우는 압축력이다. 이론적인 계산에 의하면 금속결정에서의 전단항복응력 τ_{th}는 그림 5.3과 같이 전단면에 걸리는 수직인장응력 σ_n이 크게 될수록 감소되지만, 다축응력하에서의 변형 시에는 고려되어야 한다.

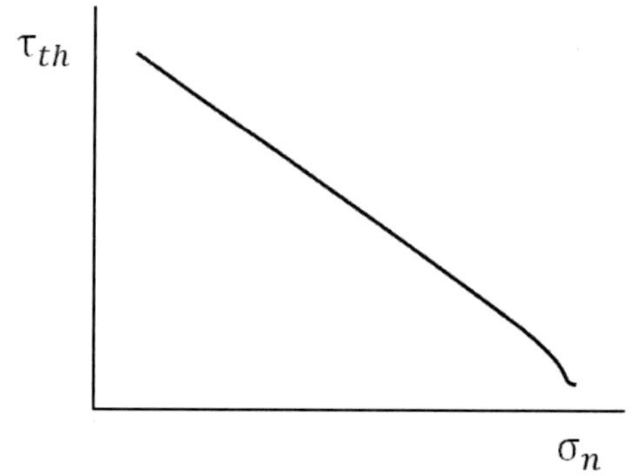

▲ **그림 5.3** 슬립면에 작용하는 수직응력과 전단항복응력의 관계

파괴경우에는 인장력은 크랙을 확대하고, 압축력은 크랙을 눌러주는 작용을 함으로써, 취성재료에서는 인장파괴응력에 비해서 압축파괴응력이 크다. 그러므로 소입강 등과 같이 현저하게 취성을 가진 재료의 항복점을 구할 경우에는 인장 시험보다도 압축 시험을 하는 경우가 많다.

연성이 큰 재료에서는 하중이 증가함에 따라 단면적이 증가한다. 그러므로 파단을 시킬 수 없게 되는 경우가 발생한다. 그림 5.4는 압축에 의한 시험편의 변형 상황을 나타낸다. 단면은 가압판과의 마찰력 때문에 변형이 구속되어, 시험편 각부의 변형량이 불균일하게 된다. 이 경우 진응력을 구하기 위해서는 난점이 되는데 이 난점을 피하기 위해서는 단면지름에 비해서 충분히 큰 높이의 시험편을 사용하는 것이 유효하고, 사실 압축탄성률이나 압축항복응력의 측정에는 길이가 긴 시험편을 사용한다. 그러나 이런 종류의 시험편은 휘어지거나 좌굴을 일으키기 쉬운 점을 가지고 있다. 그러므로 연성재료에 대해서는 압축 시험을 일반적으로 하지 않고, KS에도 규정되어 있지 않다. 그림 5.5는 압축 시험을 보여준다.

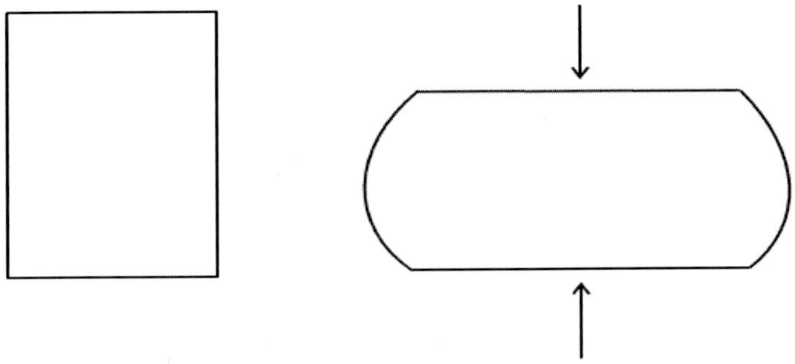

▲ **그림 5.4** 압축에 의한 변형상황

▲ **그림 5.5** 압축 시험

3 전단 시험

봉, 판, 주철 등을 전단하는 작업이나 판재를 사용하여 판에 구멍을 뚫는 작업은 금속가공에서 중요한 부분으로 여겨지고 있다. 또한 연결 부분의 판과 같이 전단응력을 직접 받는 기계요소도 많다. 게다가 물리학적으로는 금속의 소성변형이 거의 대부분 특별한 결정면 (미끄럼면)에서의 미끄럼에 의해 행해지는 것을 고려하면 전단력에 대응하는 재료의 저항성을 시험하는 것은 아주 중요하다고 할 수 있다. 하지만 실제로의 전단 시험은 거의 행해지지 않는다. 이는 순수한 전단력만을 가할 수 있는 시험기를 만드는 일이 상당히 어렵기 때문이다. 이러한 이유로 전단 시험법을 사용하여 시험을 수행해야 한다. 그림 5.6은 전단 시험을 보여준다.

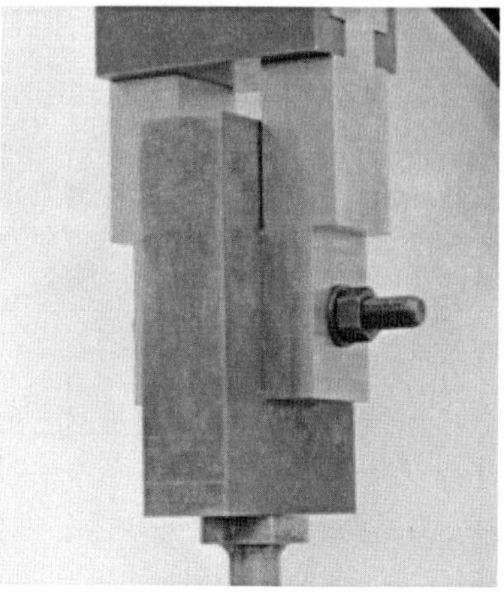

▲ **그림 5.6** 전단 시험

4 굽힘 시험

굽힘 시험은 재료에 굽힘모멘트가 걸렸을 때 변형저항이나 파단강도를 측정하는 것을 말한다. 공업적으로는 주철이나 초경합금과 같은 취성재료의 굽힘파단강도를 측정하는 항절 시험과 재료의 소성가공성이나 용접부분의 변형 등을 측정하기 위한 굽힘 시험이 있다.

봉재나 각재를 굽혔을 경우, 인장 또는 압축력이 시험편 표면에서 최대가 되고 중심부에서는 0이 된다. 결국 단면에 응력구배가 생기게 되는데 이는 항복이나 균열이 표면에서부터 시작되어 중심으로 향하게 된다. 인장 시험이나 압축 시험에서는 이와 같이 심한 응력구배가 없으므로 (하중) / (단면적)으로 그 진응력을 구할 수 있다.

굽힘 시험에서는 시험편이 탄성범위 내에 있는 한, 응력은 중심축으로부터의 거리에 비례하게 되어, 각 위치에 따른 응력을 계산할 수 있다. 그러나 소성영역으로 들어가면 응력분포가 복잡하게 변화되어 정확한 계산을 하기는 어렵다. 그러므로 취성재료의 항절 시험 결과를 재료역학적으로 해석하는 것은 의미가 있는지는 알 수 없으나, 연성재료는 특수한 경우 (가령 심한 노치 시료의 굽힘 시험)를 제외하고는 계산이 곤란하다. 또한 탄성론에 기초를 두고 있는 식에 의해서 얻어진 값은 정확하지 않고 단지 상대적인 참고값으로 공업적으로 이용되는 것에 지나지 않는다.

일반적으로 경성한 재료의 강도 시험으로 굽힘 시험이 종종 이용되고 있지만, 이런 종류의 재료로부터 각주 또는 원주인 단순한 형상의 굽힘 시험편을 제작하기 쉽다는 점도 경성재료를 시험재료로 사용하는 중요한 이유이다. 굽힘 시험은 시험방식에 따라 2점 굽힘, 3점 굽힘, 4점 굽힘 시험이 적용되며 일반적으로 3점 굽힘 시험을 실시한다. 그림 5.7은 굽힘 시험을 보여준다.

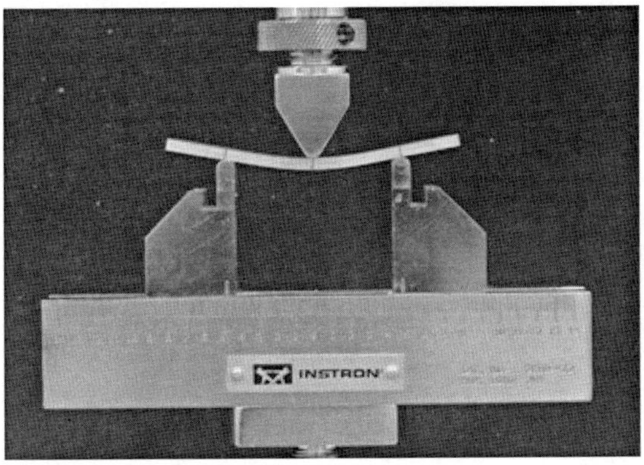

▲ **그림 5.7** 굽힘 시험

5 비틀림 시험

봉재를 비틀면 표면에 최대전단응력이 생기고 중심부의 응력은 0이 된다. 이는 반지름 방향에 응력구배가 생기게 된다. 탄성범위 내에서의 응력구배는 선형적이어야 계산이 가능하지만, 소성범위에서는 진응력의 계산에 대범한 가정이 필요하게 된다. 그러므로 굽힘 시험과 같이 기초적 연구를 위한 시험법으로서는 부적합할 수 있다. 그러나 비틀림 시험은 다음과 같은 이유로 중요하다.

먼저 횡탄성계수를 직접 구할 수 있고, 또 기술적으로는 동력전달 요소로서 축류의 비틀림에 대한 강도를 알 필요가 있다. 더욱 인장이나 압축과는 다르게 큰 비틀림 변위를 부여해도 봉재의 단면적은 거의 변화하지 않는다. 이것은 연성재료의 가공성을 판정하는 데 아주 적합한 방법이다.

이와 같은 중요성에도 불구하고 KS에서는 선재의 비틀림 시험과 같은 공업적 시험 이외의 시험법은 규정되어 있지 않다. 응력구배의 문제를 피하기 위해서는 얇은 두께를 가진 원통시험편을 사용하면 좋지만 시험편 치수의 정밀도나 공작이 어려운 점 등의 난점이 많다. 그러므로 횡탄성계수 (강성률) G는 종탄성계수 (영률) E와 포아송 비 ν와의 사이에 $G = E/2(1+\nu)$로 되는 관계가 있으므로 인장 시험에 의해 E를 구하고, 구해진 종탄성계수로부터 G를 구할 수 있다. 또 인장항복응력 σ_y와 전단항복응력 τ_y 사이에는 $\tau_y = \sigma_y/m$의 관계가 성립된다. 여기서 m은 Von Mises 가정에서는 $\sqrt{3}$, Tresca 가정에서는 2, 실험적으로는 양자의 중간값으로 된다. 이것을 이용해서 인장항복응력 σ_y로부터 τ_y를 추정할 수 있다.

그러나 재료는 일반적으로 이방성을 가지기 때문에, G나 τ_y는 비틀림 시험을 주의 깊게 수행하여 직접 이들 값을 구해야만 한다.

6 충격 시험

변형상황을 시시각각 따를 있는 정도의 시험을 일반적으로 정적 시험, 부하 후 10^{-2}~10^{-3} sec 이내에서 파단하거나, 부하 후 항복까지의 시간이 10^{-3}~10^{-5} sec 정도의 단시간인 것과 같은 고속 파괴 시험을 충격 시험이라 한다.

밀도 ρ물체의 한쪽을 타격하면 변형파는 다음의 식으로 나타내는 속도 ν로 전파한다.

$$\nu = (d\sigma/d\epsilon)^{1/2} \cdot \rho^{1/2} \cdot g^{1/2} \ (g : \text{중력가속도})$$

여기에서 $d\sigma/d\epsilon$은 공칭응력 (σ)–공칭변형 (ϵ)선도의 구배이다.

탄성파의 전파속도는 $(g \cdot E/\rho)^{1/2}$로 주어진다. 그림 5.8과 같이 $d\sigma/d\epsilon$가 ϵ과 함께 작아지는 재료에서는 작은 변형파 쪽이 빠르게 전파하지만 가공경화성이 작은 재료 예를 들면, 철강에서는 변형파의 속도가 작다. 그림 5.8은 공칭응력–공칭변형률 선도를 보여준다.

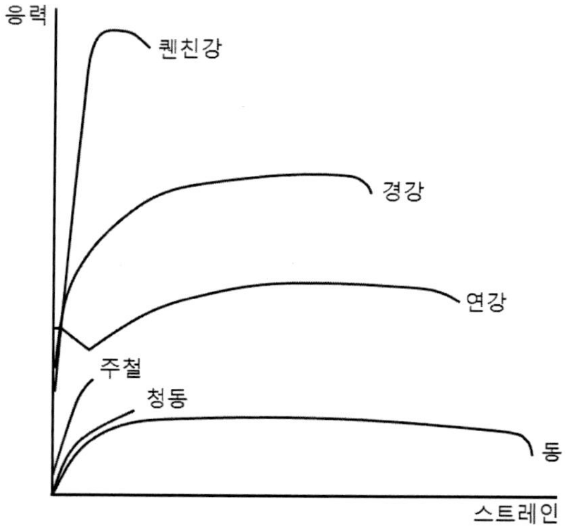

▲ **그림 5.8** 공칭응력–공칭변형률 선도

소성파의 전파속도는 재료나 시험조건에 따라 다르지만, 철강과 같이 결정형이 입방격자의 금속에서는 동이나 알루미늄과 같이 면심입방정금속에 비하여 가공경화가 작으므로 소성파의 전파속도가 일반적으로 작다. 이 경우, 충격적으로 변형하면 타격 끝의 운동속도가 소성파의 그것에 가깝고 소성영역이 너무 넓지 않도록 타격끝 근방에서 파괴가 일어나는 것이다. 이는 파괴에 요하는 에너지는 작아지고 응력-변형곡선의 형상은 변형속도에 의해 변화하지만, 또 충격 시험에서는 정적의 경우와는 다른 기구에 의한 파괴가 일어나거나 시험편이 단열적으로 승온하고,

이것이 변형률이나 파괴상황을 변화시키는 것이다. 이와 같이 재료의 충격적인 기계적 성질은 정적인 것과 다른 것이 많으므로 기계 등의 안전설계의 자료를 얻기 위해서나, 고속의 소성가공에서 가공성의 판단, 또는 변형기구의 해명을 위해 충격 시험이 필요하다. 그림 5.9, 5.10은 각각 샤르피 충격 시험과 낙하 충격 시험을 보여준다.

▲ **그림 5.9** 샤르피 충격 시험

▲ **그림 5.10** 낙하 충격 시험

7 경도 시험

기계공업에서의 경도 시험은 재료의 감사방법으로 일상적으로 사용되는 데도 불구하고, 경도의 개념을 경험적으로 알 수 있어도 확실히 정의하는 것은 곤란하다.

① **압입식** : 소입강을 압입시켜 그 압흔의 깊이나 면적이 적으면 경도가 높고 이 경도는 변형에 대한 저항의 대소를 판정하는 기준이 된다.

② **긋기식** : Mohs식 경도계는 역사적으로 유명하며 경도를 정량적으로 나타내던 최초의 것으로 Mohs의 경도는 다음의 표준물질을 사용한다.

예 활석, 석고, 방해석, 형석, 인회석, 정장석, 석영, 황옥석, 강옥석, 금강석

③ **충격식** : 선단이 경질인 표준물체를 일정의 높이로부터 낙하시켜 그 반발 높이가 높아질수록 경도가 높다. 초기 높이와 반발 높이의 파이는 주로 타격부분의 소성변형에 요하는 에너지의 대소에 의해 결정된다고 할 수 있다. 이 방법으로 부적합한 것은 탄성률이 낮아도 큰 탄성변형능을 가지면 누르개의 압입과 더불어 접촉면적이 넓어지는 결과, 압흔의 크기나 반발력으로 비교하면 고무는 강보다 단단하다'라는 결과가 얻어진다. 이것을 생각하면 탄성률이나 탄성변형능의 대소도,'경도'의 개념에 포함되어야 한다는 것을 알 수 있다.

이와 같이, 경도의 개념은 불명확하지만 경도 시험은 시험체를 극히 약간 손상을 입히는 만큼으로 그 재료가 미치는 강도를 판정할 수 있는 적당한 시험방법이며, 다른 기계적 성질이나 재료의 열처리에 따르는 조직변화를 추측하는 수단으로서도 적절하기 때문에 재질 시험법으로서는 빠질 수 없을 만큼 보편적으로 실시되고 있다. 경도 시험에는 브리넬, 로크웰, 쇼와 경도 시험이 있다. 그림 5.11은 경도 시험을 보여준다.

▲ **그림 5.11** 경도 시험

8 마모 시험

압력을 받아서 접촉하는 두 물체가 상대운동을 하여 일어나는 재료의 손모, 손상 현상을 마모라고 한다. 마모량이 어떤 한계를 넘으면, 그 기계는 사용하지 못하게 되므로 마모는 기계의 수명을 결정하는 가장 중요한 인자 중의 하나이다.

마모에는 두 물체가 서로 슬라이딩 운동을 통해 일어나는 소위 슬라이딩 마모 외에 전동운동, 충돌운동 등에 의한 경우도 있다. 후자에서는 피로파괴기구가 강하게 작용한다. 슬라이딩 마모 현상은 다음과 같이 크게 나누어진다.

① 휘면마모 (연삭마모) : 접촉부의 요철이 물려지는 것에 의한 역학적 파괴마모를 말한다.

② 응착마모 : 실제의 접촉부분이 높은 압력을 받아서 변형하고, 청정표면이 나타나서 양물체 사이에서 확산, 용융이 일어나 응착해서 일어나는 형식의 마모이다. 접촉부분이 용융상태에서 분리될 때 물질이행이 일어나는 경우를 용융마모라고 말하며 응착마모와 구별할 수 있다. 응착마모에 비해서 용융마모 쪽의 마모량이 일반적으로 적으나, 접융부의 온도가 현저하게 상승해서 그 면적이 확대되면 '소착'을 일으켜서 마모량이 급격히 크게 된다.

③ 산화마모 : 계면에 화학변화가 관여하는 화학마모 또는 부식마모의 일종이다. 적당한 산화는 응착방지 역할을 하지만 지나친 산화는 마모를 촉진한다.

마모 시험의 초기상태는 접촉면의 접촉상태가 불안정하여 마모량이 일정하지가 않다. 이를 초기마모라고 하고 그 후 정상적인 마모가 진행되는 것을 정상마모라고 한다. 보통 마모 시험에서는 정상 마모속도를 측정한다.

9 피로 시험

철사는 1회만 구부리면 부러지지 않지만 몇 번 굽힘을 반복하는 동안에 재질도 딱딱해지고 또한 저항력이 약해지게 된다. 이렇게 반복하는 부하에 따른 재질의 변화를 피로라고 하며 어느 한도까지 피로가 진행되면 파단하게 된다. 이를 피로파괴라 한다.

실용재료는 완전무결한 것은 아니고 많든 적든 내부결합이나 성질이 일정하지 않거나 혹은 원자배열의 혼란을 지니고 있고 작은 응력 (하중을 견디는 힘)에 있어서도 완전한 탄성거동은 나타나지 않는다. 항복점 이하의 응력에 있어서도 반복하는 것에 의해 미시적으로 흐트러짐이 축적되고 재질의 변화가 생긴다. 이는 피로의 기구임에 틀림이 없다.

반복하여 부하된 응력의 종류는 그림 5.12에 나타난 것처럼 여러 가지가 있다.

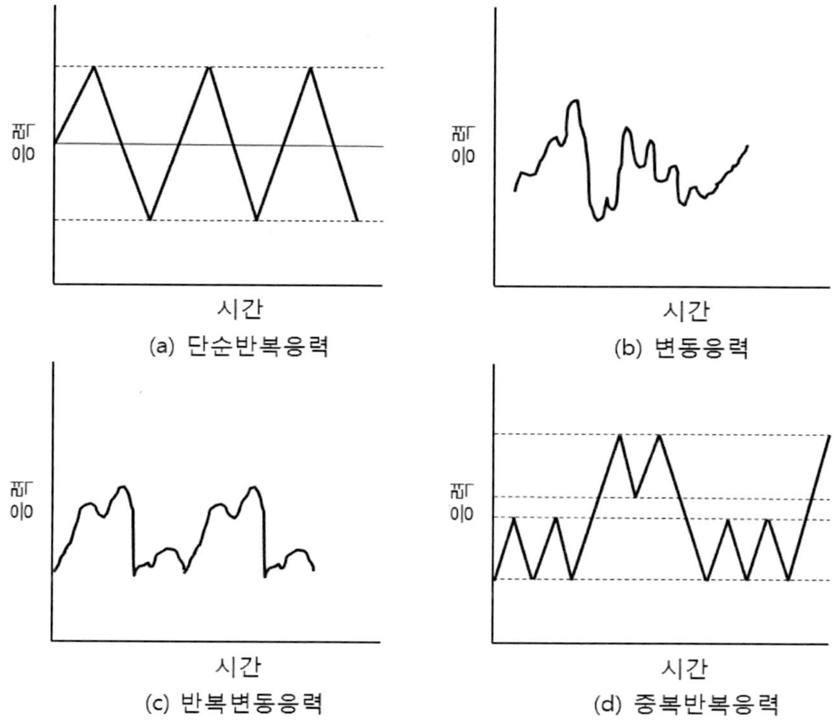

▲ **그림 5.12** 반복응력의 종류

평탄한 도로를 달리는 자동차 차축을 받은 응력은 그림 5.12의 (a)에 속하고, 거친 도로의 표면을 달리는 경우가 그림 5.12의 (b)에 속한다. 통상 기계의 운동부분은 그림 5.12의 (c)의 응력 상태에 있는 것이 많다. 압연기처럼 일정한 간격을 두고 큰 부하가 걸리는 것처럼 기계부품은 그림 5.12의 (d) 응력 상태에 있다. 이러한 운동상태에 있는 기계는 사용시간이 경과함에 따라 낡게 된다.

기계부품은 사용 중에 사고를 미연에 막는 것이 비교적 용이하지만 피로의 진행은 외형상의 변화를 거의 동반하지 않고, 따라서 파괴가 갑자기 일어나기 때문에 큰 사고의 원인이 되는 경우가 많다. 마모 및 피로파괴가 실제 기계부품파손 원인의 큰 부분을 차지하지만, 피로파괴에 대해 안전성의 확보라는 것은 기계설계상의 최대 중요사항의 하나로 여겨진다. 그림 5.13은 단순반복응력의 종류를 보여준다.

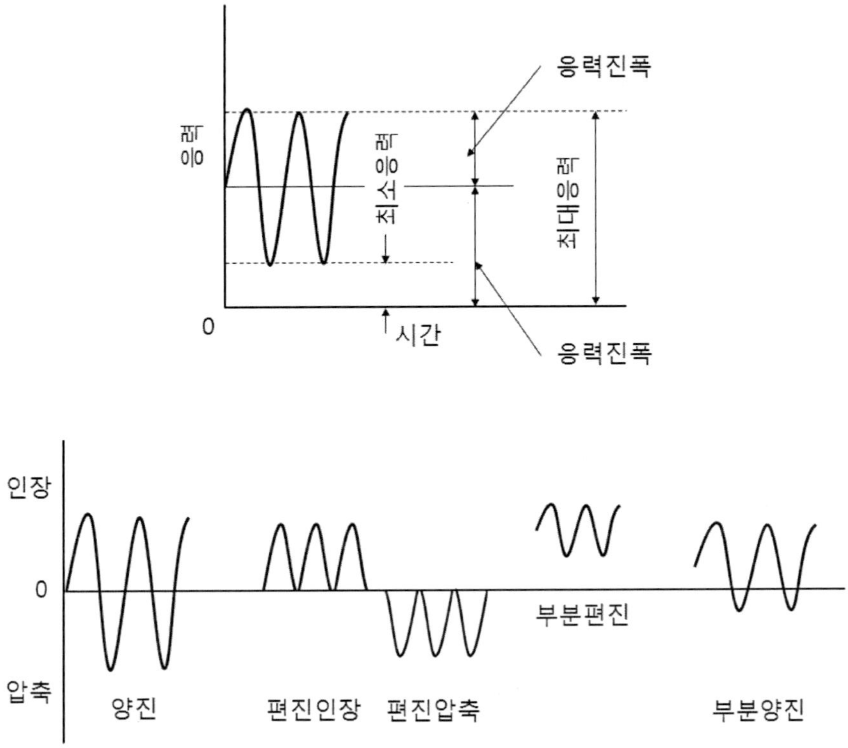

▲ **그림 5.13** 단순 반복응력의 종류

실용기계부품은 복잡한 변동응력을 받고 있기는 하지만, 단순 반복하는 응력하에서 피로되기 어려운 재료는 복잡한 응력의 반복되는 상태라도 대체로 강하다고 생각할 수 있기 때문에 특별한 경우를 제외하고, 각종 재료의 강한 피로의 평가는 단순 반복하는 응력에 대한 피로의 모양을 시험하고 결정한다. 단순 반복하는 응력을 부하하는 데도 불구하고 그림 5.13과 같이 평균응력이 0인 경우 (통상 이것을 양방식이라고 한다)와 최대응력 혹은 최소응력의 보통이 0 혹은 일정가로 한 방향의 힘 부분이 반복하여 증가하는 경우 (편동식)등 여러 종류의 형식이 있지만, 양방식은 시험결과의 길이변화가 일어나지 않기 때문에 양방식 시험을 수행하는 것이 가장 일반적이다.

세로축에 응력진폭 (최대응력) S를 놓고, 가로축에 피로 파단할 때까지의 응력반복수를 N으로 해서 그림 5.14와 같이 실험값을 정리한 것을 S-N곡선이라고 한다. 데이터가 가능한 직선상에 오도록 N은 대수눈금에 두고, S가 작은 만큼 N은 크게 되어 어떤 한계의 S 이하의 응력으로 갑자기 N이 크게 되고 파단은 사실상 일어나지 않게 된다고 생각되어지는 경우가 철강재료에서 자주 볼 수 있다. 이 한계응력을 내구한도 또는 피로한도라고 한다. 철강재료 이외에는 명확한 피로한도를 나타내지 않은 경우가 많다.

그림 5.14의 (b)는 Ni–Cu 합금의 S–N 선도이다. 이러한 경우 N이 10^8 혹은 10^7도 되고 S를 내구한도라고 하는 경우가 많다. 또한 피로한도보다 높게 반복하는 응력으로 지정된 횟수를 반복하는 것에 견디는 응력의 상한을 시간강도라고 말하고 이것은 $\sigma_w(10^5)$처럼 나타낸다. 피로한도, 시간강도의 총칭을 피로강도라고 하며 반복하는 응력을 받아 기계의 설계에 직면하여 피로한도 이상의 응력이 증가되도록 해야 하기 때문에 피로 시험은 실용적으로 지극히 중요하다. 그러나 일반적으로 S–N 선도는 데이터의 흩어진 모양과 크기 때문에 찾기 어렵고, 또 N이 10^8까지 시험을 수행해야 하는 장기간을 요구하기 때문에 통상은 많은 대수의 시험기를 이용해서 실시하지 않으면 충분히 신뢰할 수 있는 결과를 얻을 수 없다. 그림 5.14는 S–N 선도의 예를 보여준다.

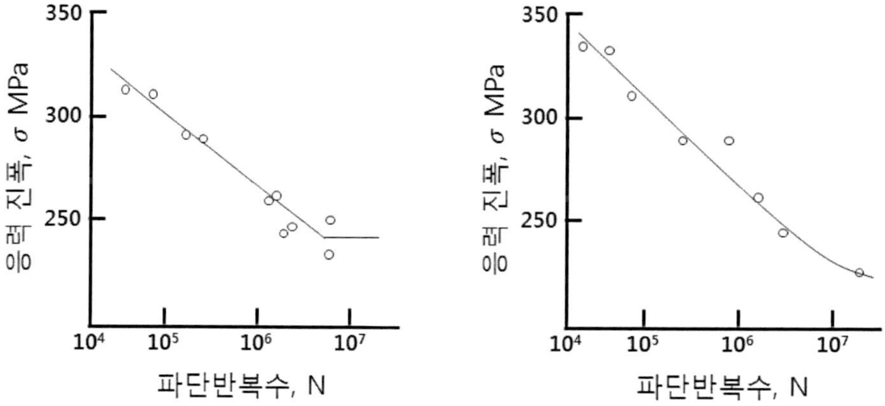

(a) 탄소강 S25C(회전굽힘)　　(b) 알루미늄합금 2024–T4(회전굽힘)

▲ **그림 5.14** S–N 선도의 예

10 크리프 시험

일정 하중 또는 일정 응력의 기초로서 시간의 경과와 함께 변형이 증가하는 현상을 크리프라고 하며, 그 결과로서 일어나는 파괴를 크리프 파단이라고 한다. 크리프 변형을 ϵ으로 하고 시간을 t라고 할 때 $d\epsilon/dt$를 크리프율 (또는 크리프 속도)이라 한다. 크리프율은 온도에 강하게 의존하고 금속에서는 $T_M/2$ (T_M : 융점, K) 이상의 온도에서 실용적으로도 크게 문제가 되는 양이다. 저온에서는 변형에 상당하는 가공경화가 일어나지만 고온에서는 가공경화에 수반하여 회복경화가 진행하기 때문에 크리프가 현저하게 증가하게 된다. 그래서 회복경화가 쉬운 재료는 저온에서 가령 강력하다 할지라도 고온에서 강력한지 아닌지 알 수 없다.

고온에서는 조직이 각각 변화하는 것이 보통이기 때문에 단시간 측정에서 얻어진 크리프율이 적어도, 장시간 후에 크리프율이 크게 되는 염려가 있다. 그래서 고온에서 부하되는 재료의 변형저항은 크리프 시험편에 의해서 구하지 않으면 안 된다. 또한 크리프 시험은 고온에 대한 재료의 변형기구를 해명하는 수단으로서 폭넓게 사용되고 있다. 그림 5.15는 크리프 시험을 보여준다.

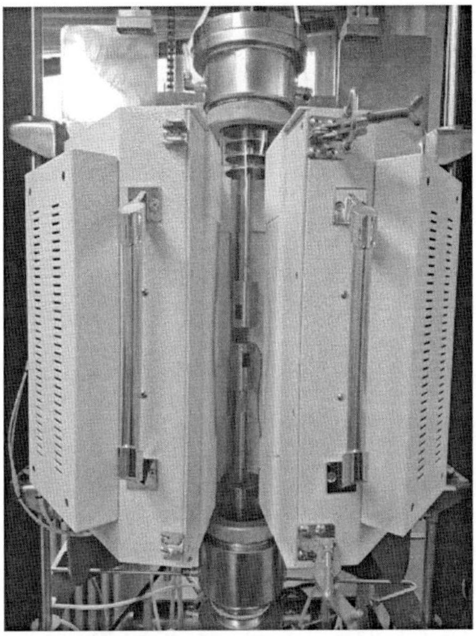

▲ 그림 5.15 크리프 시험

5.3 스트레인 게이지 (Strain gage)

기계적 테스트 및 측정에서는 사물이 다양한 힘에 반응하는 방식을 이해해야 한다. 가해진 힘에 따라 물체에서 일어나는 변형의 정도를 스트레인이라고 부른다. 그림 5.16과 같이 스트레인은 재질의 길이 변화와 원래의 온전한 길이 간의 비율로 정의된다. 스트레인은 인장으로 인한 양수 (늘어남) 또는 수축으로 인한 음수 (줄어듦)가 될 수 있다. 재질이 한 방향으로 압축되는 경우, 이 힘과 직각인 다른 두 방향으로 확장하려는 성향을 포아송 효과 (Poisson effect)라고 부른다. 포아송 비 (ν)는 이 효과를 측정한 값으로, 가로 방향 스트레인과 축 방향 스트레인 간의 음수 비율로 정의된다. 스트레인은 차원이 없지만 때때로 in/in 또는 mm/mm등의 단위로 표기하는 경우도 있다. 실제로, 측정된 스트레인의 크기는 아주 작기 때문에 주로 $\epsilon \times 10^{-6}$인 마이크로 스트레인 ($\mu\epsilon$)으로 표기한다. 여기서 $\epsilon = \dfrac{\triangle L}{L}$이다.

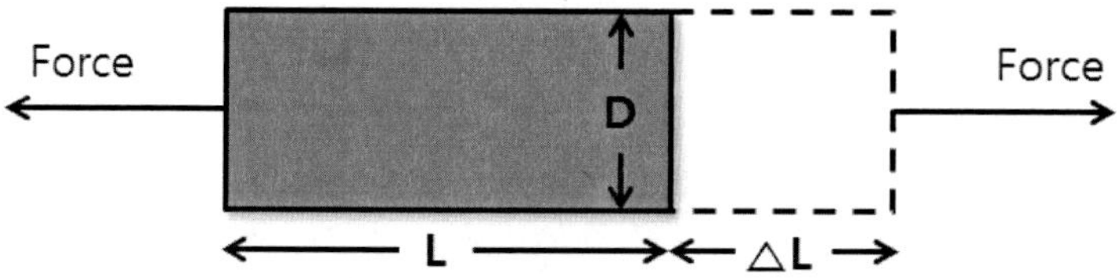

▲ **그림 5.16** 길이 변화와 원래의 온전한 길이 간의 비율

서로 다른 유형의 4가지 변형률은 축, 굽힘, 전단, 비틀림이다. 그림 5.17과 같이 가장 보편적인 스트레인은 축 및 굽힘 변형률이다. 축 변형률은 수평 방향의 선형 힘으로 인해 재질이 늘어나고 줄어드는 정도를 측정한다. 굽힘 변형률은 재질에 수직방향으로 가해진 선형 힘에 의한 한쪽이 늘어남과 반대쪽의 수축을 측정한다. 전단 변형률은 수평 및 수직 양쪽 방향으로 구성요소에 가해진 선형 힘에 의해 발생하는 변형의 양을 측정한다. 비틀림 변형률은 수평 및 수직 양쪽 방향으로 구성요소에 원형으로 가해진 힘을 측정한다.

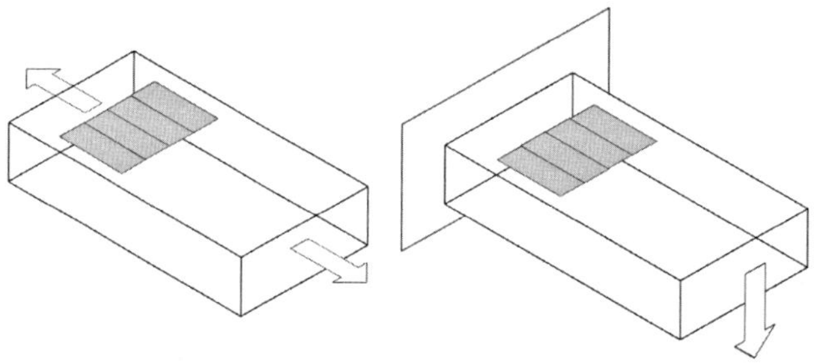

▲ **그림 5.17** 축 및 굽힘 변형률 측정

5.3.1 스트레인 측정 방법

스트레인은 여러 가지 방법으로 측정할 수 있지만, 가장 보편적인 방법은 스트레인 게이지를 사용하는 것이다. 스트레인 게이지의 전기저항은 스트레인의 변형률 양에 비례하여 변동한다. 가장 널리 사용되는 게이지는 금속 결합된 스트레인게이지이며 금속 스트레인 게이지는 극세 와이어, 또는 격자형 방식으로 정렬된 금속 호일로 구성되어 있다. 격자형 방식은 평행 방향으로 변형되기 쉬운 금속 와이어 또는 호일의 양을 극대화한다. 격자는 캐리어라고 불리는 얇은 바닥

에 접합되며, 이 캐리어는 테스트 대상에 직접 붙어있다. 따라서 테스트 대상에 가해지는 변형이 스트레인 게이지로 직접 전달되며, 전기 저항의 선형 변화로 반응한다. 그림 5.18은 스트레인 게이지 구성을 보여준다.

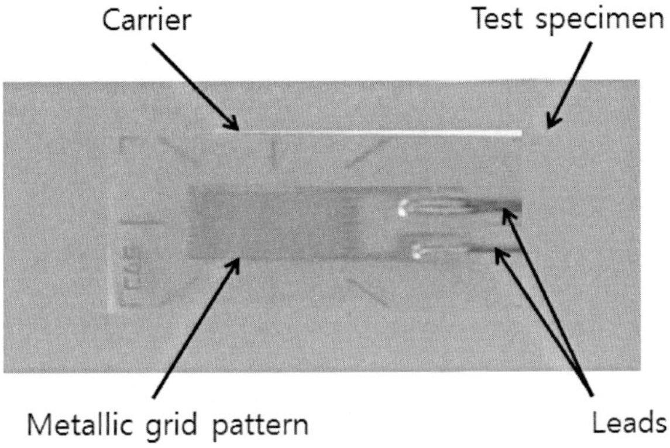

▲ **그림 5.18** 스트레인 게이지

스트레인 게이지의 기본 파라미터는 변형율에 대한 민감도로 양적으로 게이지 인자 (GF)의 양으로 표현된다. GF는 전기 저항의 부분 변화에 대한 길이의 부분 변화의 비율, 즉 스트레인을 말한다.

$$GF = \frac{\Delta R/R}{\Delta L/L} = \frac{\Delta R/R}{\epsilon}$$

일반적으로 금속 스트레인 게이지 GF는 약2이다. 실제로 변형률 측정에서 몇 밀리스트레인 ($\epsilon \times 10^{-3}$) 이상을 다루는 경우는 거의 없다. 따라서, 스트레인을 측정할 때는 저항의 미세한 변화도 정확하게 측정할 수 있어야 한다. 예를 들어, 테스트 대상이 500$\mu\epsilon$의 스트레인을 보이는 경우, GF가 2인 스트레인 게이지의 전기 저항 변화는 $2\,(500 \times 10^{-6}) = 0.1\%$에 불과하다. 120$\Omega$ 게이지의 경우, 이는 고작 0.12Ω에 해당한다. 이런 저항의 작은 변화를 측정하기 위해 스트레인 게이지 설정은 휘트스톤 브리지 개념을 기반으로 한다. 그림 5.19에 설명된 일반적인 휘트스톤 브리지는 브리지 전체에 적용되는 구동 전압 (V_{EX})이 있는 저항 암 4개로 구성된다.

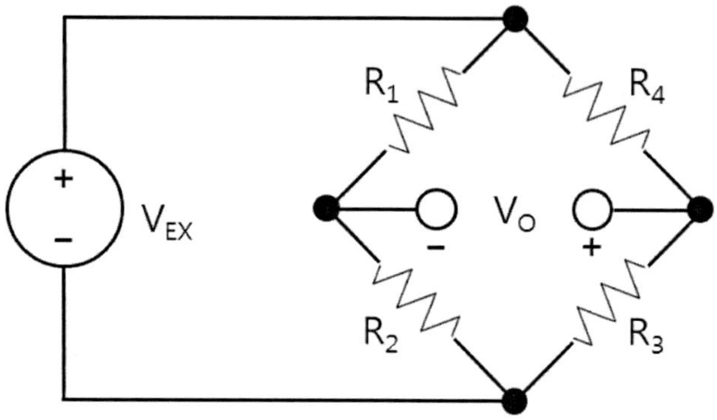

▲ **그림 5.19** 스트레인 게이지 휘트스톤 브리지 회로

휘트스톤 브리지는 2개의 병렬 전압 분배 회로와 전기적으로 같다. R_1 및 R_2는 하나의 전압 분배 회로를 구성하며, R_4 및 R_3는 두 번째 전압 분배 회로를 구성한다. 휘트스톤 브리지의 출력 V_o는 두 전압 분배기의 중간 노드 사이에서 측정된다.

$$V_o = [\frac{R_3}{R_3 + R_4} - \frac{R_2}{R_1 + 2}] \times V_{EX}$$

위의 등식에서 $R_1/R_2 = R_4/R_3$라면 전압 출력 V_o은 0이다. 이 조건하에서 브리지는 균형을 이룬 상태이며 브리지의 모든 암에 저항의 변화가 있으면 그 결과로 출력 전압은 0이 아닌 값이 나온다. 따라서 그림 6에서 R_4를 활성 스트레인 게이지로 대체하면, 스트레인 게이지 저항에 가해진 모든 변화는 브리지의 불균형을 야기하며 변형 함수인 0가 아닌 출력 전압이 생성된다.

5.3.2 게이지 (Gage)의 종류

① **일반 게이지** : 주로 금속 재료의 상온에서의 스트레인을 측정에 사용하는 것으로 판 게이지와 선 게이지가 있다. 판 게이지는 두께가 마이크로 단위의 저항판 (주로 동, 니켈계 합금) 수지 필름 베이스에 접착 시키고 포토에칭 방법으로 가공되어 지기 때문에 치수가 정확하고 저가 제조가 가능한 이점을 가지고 있다. 일반적으로 사용하는 게이지는 대부분 이 종류이고 용도에 따라 매우 다양하게 생산되고 있다. 선 게이지는 초기에 보급되던 종류로 직경이 13~25$\mu\epsilon$의 저항선을 격자상으로 가공해서 베이스에 부착시킨 것으로 현재는 콘크리트 구조물 등에 사용하고 있다.

② **반도체 게이지** : 반도체 단결정을 저항소자에 사용한 것으로서 게이지 팩터가 일반용 게이지의 수십 배로 미세한 스트레인의 검출이나 고감도 센서의 제작에 적합하다. 또한 충격 등 빠른 현상을 계측하는 경우 증폭기 없이도 사용 가능하다. 그러나 온도 영향이 크고 직진성이 좋지 않은 단점도 있다.

③ **특수 게이지** : 일반용 게이지 외에 특별한 용도에 사용하게 제작된 종류로서 잔류 응력 측정용, 고온용, 항자성용 게이지 등이 있다.

그림 5.20은 1축, 2축 스트레인 게이지를 보여준다.

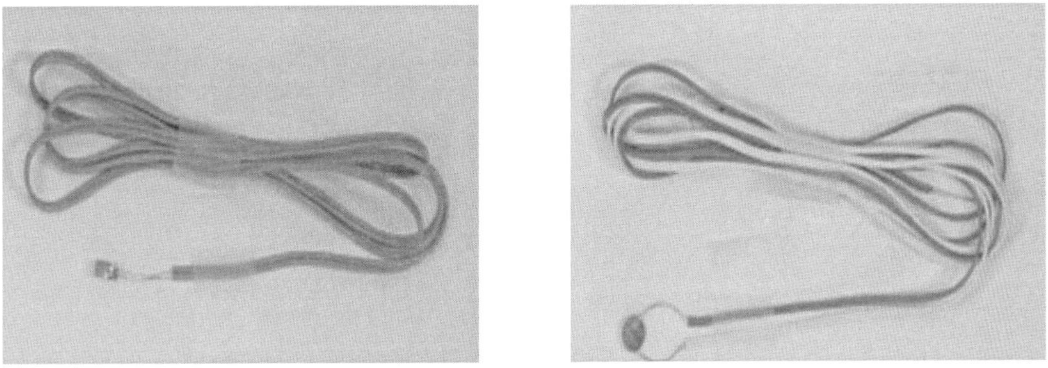

▲ **그림 5.20** 1축, 2축 스트레인 게이지

5.4 신율계 (Extensometer)

재료 시험 시 시편의 늘어난 길이를 측정하는 변환기이다. 사용하는 센서는 스트레인 게이지, 선형 가변 변위 변환기 (LVDT), 다이얼 게이지 등이 목적에 따라 선택적으로 사용된다. 이 중 가장 많이 사용하는 센서는 스트레인 게이지 타입으로서 거의 대부분의 경우에 사용한다. 또한 상온 및 저온, 고온 등에 사용하는 종류가 분류되어 있으며 게이지 길이는 용도에 따라 6mm~50mm까지 다양하며 스트레인 범위 역시 +/- 15% ~ 100%까지 목적에 따라 선택하여 사용한다.

5.4.1 접촉식 신율계

접촉식 신율계는 인장, 굴곡 시험 및 로드테스트에서 직접적인 연신측정에 사용이 된다. 신율계는 시험할 시편에 적합하도록 넓은 측정범위를 제공한다. 클립 온 신율계 및 센서암을 가진 신율계는 게이지 길이에 알맞은 각도로 위치한 나이프 엣지를 통하여 시편에 간접적으로 기계적인 접촉을 한다. 그림 5.21은 접촉식 신율계를 보여준다.

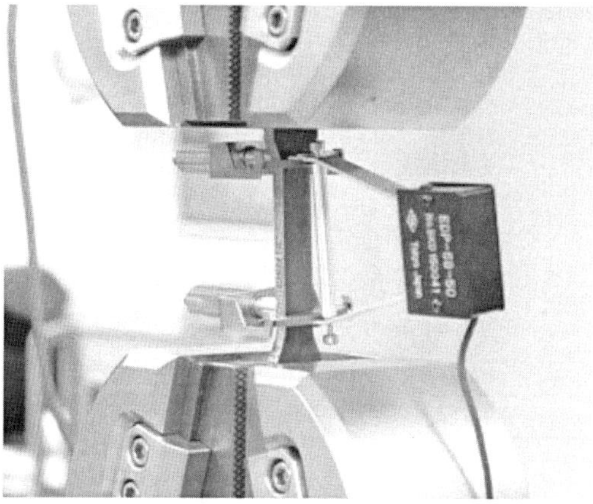

▲ **그림 5.21** 접촉식 신율계

5.4.2 비접촉식 신율계

비접촉식 측정방식을 가진 연신계의 가장 큰 장점은 신율계에 손상을 주지 않고도 시편이 파단될 때까지 측정이 가능하다는 점이다. 그림 5.22는 Instron AVE2 비접촉식 신율계를 보여준다.

▲ **그림 5.22** 비접촉식 신율계

5.5 로드셀 (Load cell)

압력 측정 시스템은 네 개의 스트레인 게이지가 결합 된 압력 센서 소자를 기반으로 한다. 스트레인 게이지는 그림 5.23에서 R1~R4라고 표시 된 것과 같이 4개의 저항이 같고, 부하가 가해지면 비례적으로 동일한 규모로 변하는 휘드스톤 브리시로 구성 된다. 가해지는 부하가 강해질수록, 출력도 강해진다. 휘트스톤 브리지는 양극여기 (Positive Excitation)과 음극 여기 (Negative Excitation), 양극 센서 출력과 음극 센서 출력의 4선식 연결 방식이 요구된다.

로드셀은 압력을 측정하는 대표적인 장비로, 다양한 종류가 있다. 우선 실험실 용도인지 산업 환경용인지에 따라 선호되는 종류가 달라진다. 힘을 측정 가능한 전기적 출력 신호로 변환할 때, 로드셀 또는 압력변환기가 가장 적합하다. 스트레인 게이지 기반 로드셀은 0.03%~0.25%의 정밀도를 보이며, 환경이 가하는 스트레스와 부하에 따르는 저항의 전기적 신호를 받아 압력을 측정할 때 이용한다. 이와 같은 압력 센서 및 압력변환기 장비는 정밀한 밸런스가 요구되어 안전이나 아주 높은 위생도가 요구되는 환경에는 특히 공압 로드셀이 이상적이다. 원격으로 센싱을 모니터링하여 공정을 관리하는 경우, 전원공급이 필요하지 않은 유압 로드셀이 적절하다.

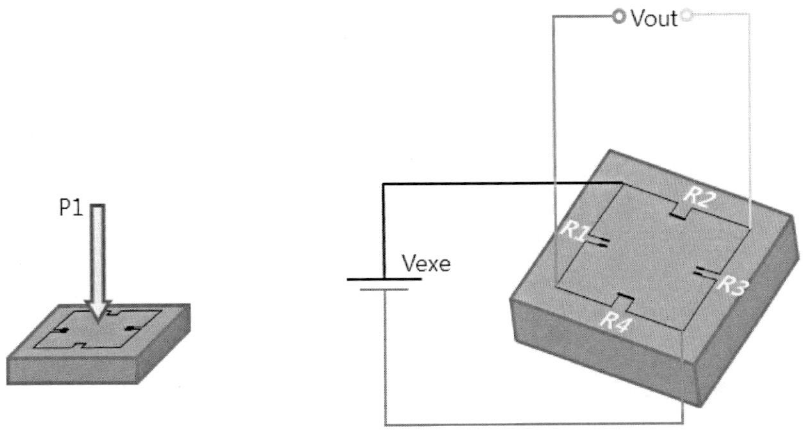

▲ 그림 5.23 압력 측정 시스템

5.5.1 소형 로드셀

소형 로드셀과 초소형 로드셀은 높은 부하가 걸리면서도 제한적인 공간에서 사용하기에 이상적이다. 이러한 소형 압축 로드셀은 매우 견고한 2인치 직경에 낮은 높이의 디자인이며, 측정 환경 공간이 제한적인 실험, 산업 공정에서 뛰어난 성능을 보여준다. 돌려서 잠그는 트위스트 락 방식의 커넥터와 케이블 방식 중 연결 방법을 선택할 수 있다. 많은 소형 로드셀이 0~100 그리고 0~50,000N 범위의 미터 규격 단위 모델로 많이 사용되고 있다. 스테인레스 스틸 재질과 견고한 구조, 내장 로드 버튼, 높은 정밀도를 나타내는 압력센서이다.

5.5.2 스트레인 게이지 식 로드셀

정적 압력과 동적 압력을 정밀하게 측정할 때 이용한다. 우수한 등급의 와이어 또는 호일이 캐리어 매트릭스 판과 부착 된 그리드 (grid)가 내장 되어, 비례 가변 저항이 그리드 스트레인으로 선형화 된다. 스트레인은 표면에 접착 된 캐리어 매트릭스에 힘이 가해질 때의 저항으로 인한 변화로 측정된다. 캐리어 매트릭스와 접착 접합 구조는 스트레인 또는 그리드의 저항 변화를 전달하고, 접착 접합 구조와 캐리어 매트릭스는 또한 정확한 판독을 방해하는 열과 전기적 노이즈를 차단한다. 휘트스톤 브리지 회로 방식은 이렇듯 뛰어난 센싱 구조로 사용되고 있다.

5.5.3 빔 로드셀

알루미늄 합금 재질로, 1~5,000kg 범위의 낮은 압력 용량을 측정할 수 있는 직선 또는 S자의 막대 형태의 로드셀이다. 경제적인 가격대로 일반 산업용 힘과 무게 측정, 특히 OEM 분야에서 많이 이용한다. 싱글 포인트 빔 로드셀은 알루미늄 합금으로 1~500kg의 측정 용량을 갖는 막대형태이며, 견고한 전단 빔 로드셀은 내부식성을 갖는 니켈 도금 탄소강 합금 소재이다. 전단보 또는 더블 빔 로드셀은 탱크 칭량을 비롯한 다양한 산업 공정 용도로 사용한다. 캔틸리버 빔 로드셀 또는 벤딩 로드셀은 정적 무게, 동적 칭량, 힘 측정 시 이용한다.

5.5.4 플랫폼 로드셀

밀봉 밀폐 처리 된 로드셀로 수압을 높은 정밀도로 측정하는 경우 이상적이며, 유체가 있는 음식료 산업, 각종 무게 측정, 자동 칭량 공정에서 유용하다. 스트레인 게이지 호일을 접착한 구조의 저항 로드셀은 ±0.02% 전체의 정밀도를 보여주며, 중심에서 벗어난 부하를 측정할 수 있어 규모를 측정할 때와 같이, 측정 대상이 플랫폼의 어디에 위치하여도 정밀하게 측정이 가능하다.

5.5.5 S빔 로드셀

S빔 로드셀은 압축 출력 판독을 받는다. S빔 형태의 로드셀은 다양한 단위, 부유 부하, 탱크, 호퍼를 측정할 때 이상적이다.

5.5.6 캐니스터 로드셀

단일 또는 여러 무게를 측정할 때 이용하며 밀폐구조로 내수성이 필요한 분야에도 사용한다. 견고한 디자인의 캐니스터 로드셀은 산업가혹환경에서도 높은 성능을 보이며, 축 압력을 측정할 때 이상적이다.

5.5.7 인장 압축 로드셀

인장 압축 로드셀은 낮은 형상의 용접 스테인레스 스틸 구조로 다양하게 제공된다. 인장 압축 로드셀은 고도의 정밀함을 갖춰, 압축과 인장의 힘을 측정할 수 있다. 산업용 로드셀에서 나사선 연결 방식을 탑재하였기 때문에 산업가혹환경에서도 견고하게 연결 장착할 수 있다. 양방향 범위는 2인치 직경 로드 셀의 경우 25~10,000 파운드, 정밀도 FSO Linearity of ±0.15%이다.

CHAPTER

06 인장 시험

학 과	기계공학과	교과목	기계공학실험(I)	학 년	2	조편성	조
실험실		실험내용	인장 시험	학 번		성 명	

6.1 시험 규정

광공업 제품에 관한 규격으로서 각종 물리적 및 기계적 시험방법, 화학분석 방법, 용어의 정의, 목제품 구분 등의 규정을 말한다. 국가별 물성시험에 사용되는 규격으로는 다음과 같다.

- 미국 : ASTM (American Society for Testing and Material)
- 일본 : JIS (Japan Industrial Standard)
- 독일 : DIN (Deutsche Industrie Norman)
- 한국 : KS (Korean Industrial Standard)

여기에서는 KS 규격을 바탕으로 금속 인장 시험 규정에 대해 소개 해주고 다음에 나타내는 규격은 이 규격에 인용됨으로써 규정 일부를 구성한다.

1 인용규격

- KS B 0802 (금속 재료 인장 시험 방법)
- KS B 0801 (금속 재료 인장 시험편)
- KS A 3251-1 (데이터의 통계적인 해석 방법 - 제1부 : 데이터의 통계적 기술)

• KS B 5518 (금속 재료 인장 시험용 연신율계)
• KS B 5521 (인장 시험기)
• KS D 0048 (철강 용어)

6.2 인장 시험방법

6.2.1 시험편

시험편은 다음과 같이 따른다.

① 시험편은 KS B 0801에 따른다. 다만 별도로 규정되어 있는 경우에는 그에 따른다.

② 시험편의 채취, 제작은 각각의 한국산업규격에 따르고, 시험편이 되는 부분의 재질에 변화를 일으키는 변형 또는 가열은 피한다. 상항복점, 하항복점 또는 내력을 측정하는 경우에는 특히 이것이 필요하다.
전단, 펀칭 등에 의한 가공을 한 시험편에서 시험결과에 그 가공의 영향이 인정되는 경우에는 가공의 영향을 받는 영역을 절삭, 제거하여 평행부를 다듬질한다.

③ 시험편의 교정은 가급적 피하는 것이 좋고, 교정을 필요로 하는 경우에는 가급적 재질에 영향을 미치지 않는 방법을 사용하도록 한다.

④ 표점은 원칙적으로 펀치 또는 스크라이버로 표시한다. 다만 시험편의 재질이 표면 흠에 대하여 민감하거나 아주 딱딱한 경우에는 도포한 도료 위에 스크라이버로 표시한다.

⑤ 연신율계를 사용하여 연신을 측정하는 경우와 같이 필요가 없을 때는 시험편에 표점을 표시하지 않아도 된다.

6.2.2 시험기

시험기는 다음과 같이 따른다.

① 인장 시험에 사용하는 시험기는 KS B 5521에 따른다.

② 시험기는 견고한 기초대에 고정시켜 손잡이 장치 부착부를 연결하는 직선을 바르게 수직 또는 수평으로 놓고 사용한다.

③ 시험기는 그 주요 부분을 분해 재조립, 모양 변경을 한 경우나 설치 교체를 한 경우에는 다시 검사를 하여 KS B 5521에 적합함을 확인한 후에 사용한다.

④ ③에 해당하지 않는 경우라도 사용 빈도수에 따라 일정 기간마다 정밀도를 재확인 한다.

6.2.3 시험

시험은 다음과 같이 따른다.

① 시험편의 모양에 적합한 손잡이 장치를 사용하여 시험 중 시험편에는 축방향의 하중만이 가해지도록 한다.

② 하중을 가하는 속도는 균일한 것이 바람직하며 그 지정은 다음 중 한 가지 방법에 따른다.

- 응력 증가율, 변형 증가율, 경과 시간
  - 하중을 가하는 속도가 측정 결과에 현저한 영향을 미칠 우려가 있는 재료에 대해서는 그 재료 규격이 정한 바에 따른다. 또 특히 지정이 없는 경우에는 6.2.2 및 6.2.3에 따라 하중과 변형의 측정을 정확히 실시할 수 있도록 주의한다.
  - 상항복점, 하항복점 또는 내력을 측정하는 경우는 재료 규격에서의 규정값에 대응하는 하중의 1/2 하중까지 적절한 속도로 하중을 가해도 되지만 1/2 하중을 초과한 후에는 상항복점, 하항복점 또는 내력까지의 평균 응력 증가율은 강에서는 3~30N/mm^2 · s 알루미늄 및 그 합금에서는 30N/mm^2 · s 이하로 한다.
  - 인장강도를 측정하는 경우에 상항복점, 하항복점 또는 내력의 측정을 필요로 하지 않는 경우에는 한국산업규격의 재료 규격에서의 인장 강도의 규정값에 해당하는 하중의 1/2 하중까지는 적절한 속도로 하중을 가해도 되지만 1/2 하중을 넘은 후의 시험편 평행부의 변형 증가율은 강에서는 20~80%/min, 알루미늄 및 그 합금에서는 80%/min 이하가 되는 속도로 당기도록 한다. 상항복점, 하항복점 또는 내력의 측정을 끝낸 후에는 이 변형 증가율로 당기도록 한다.

6.3 시험 장치 및 기자재 구성

만능재료시험기는 시험기 중 인장 및 압축이 가능한 10Ton 용량의 R&B社의 RB301 사용한다. 그림 6.1은 시험에 사용되는 만능재료시험기를 보여준다.

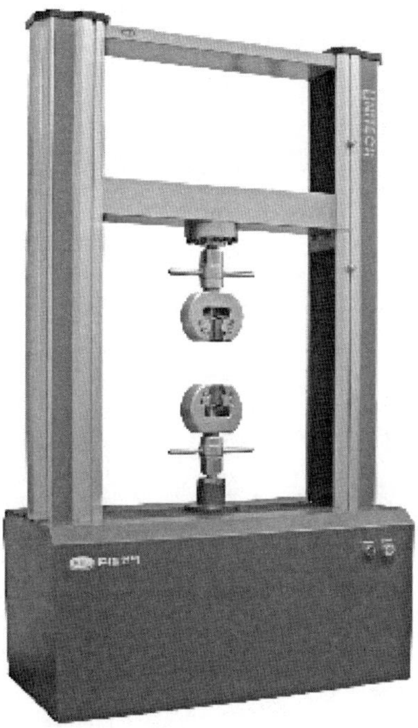

▲ **그림 6.1** 만능재료시험기 RB301

스트레인 데이터 획득을 위해 그림 6.2는 4채널 스트레인 신호 측정 장치 (TML社의 DC204R)를 사용하여 초당 10개의 스트레인 데이터를 획득할 수 있다.

▲ **그림 6.2** 4채널 스트레인 신호 측정 장치

스트레인 데이터 획득을 위해 상온용 1축 스트레인 게이지를 시편에 부착한다. 사용할 스트레인 게이지는 TML社의 제품이며 적용 스트레인 게이지는 FLA-2-11-1L, 1축, 저항 120Ω 이다.

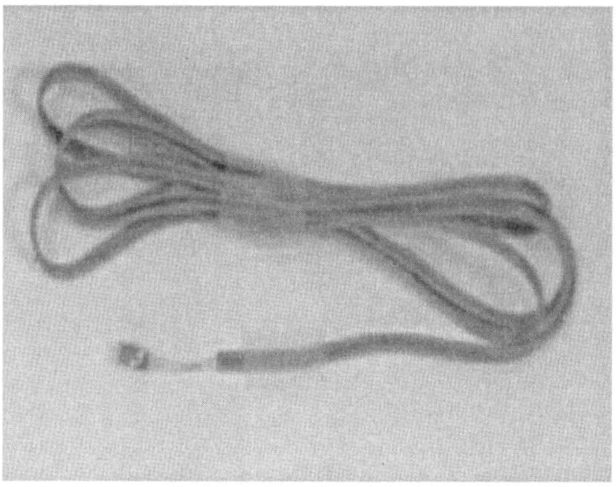

▲ **그림 6.3** 1축 스트레인 게이지

스트레인 게이지를 시편에 부착하기 위해서는 시편 표면을 연마 및 세척할 필요가 있다. 이때 연마는 P320 등급의 실리콘-카바이드 연마지 (입자 지름 : 46.2μm)를 사용하며 인산용액을 사용하여 표면을 세척하고 암모니아 용액을 이용해 중화한다. 그림 6.4는 시편 표면의 연마 및 세척에 사용되는 기자재를 보여준다.

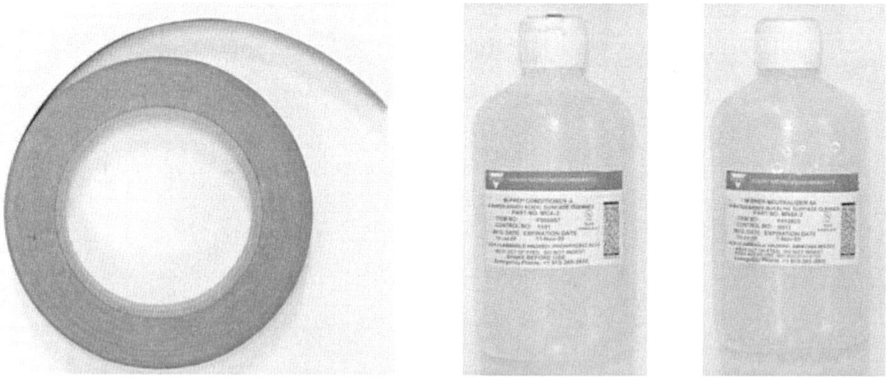

(a) 실리콘-카바이드 연마지 (b) 인산용액 (c) 암모니아 용액

▲ **그림 6.4** 시편 표면 연마 및 세척에 사용된 기자재

연마 및 세척된 시편 표면에 스트레인 게이지를 부착하기 위해 스트레인 게이지 부착용 테이프 (MM社의 PCT-2M)와 접착제 (TML社의 CN, NP-50)를 사용한다. 그림 6.5는 스트레인 게이지 부착에 사용되는 기자재를 보여준다.

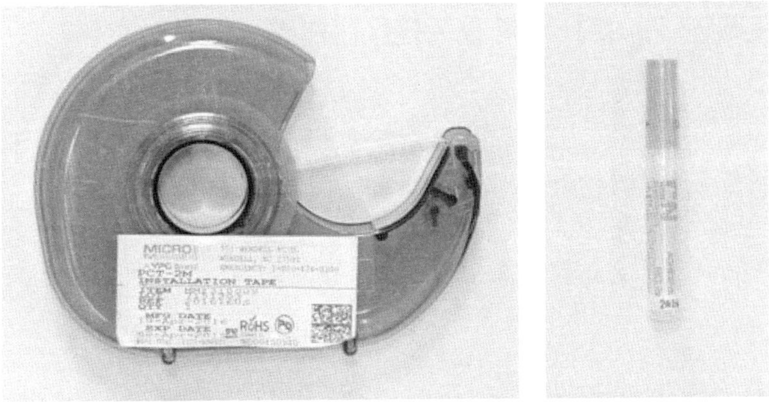

(a) 스트레인 게이지 부착용 테이프 (b) 상온 접착제

▲ **그림 6.5** 스트레인 게이지 부착에 사용되는 기자재

6.4 인장 시험절차

6.4.1 수령 시편의 육안 검사 및 치수 측정

- 육안 검사를 통한 시편 제작 건전성 확인
- 시편 폭 및 두께를 3회 측정하여 평균값 적용

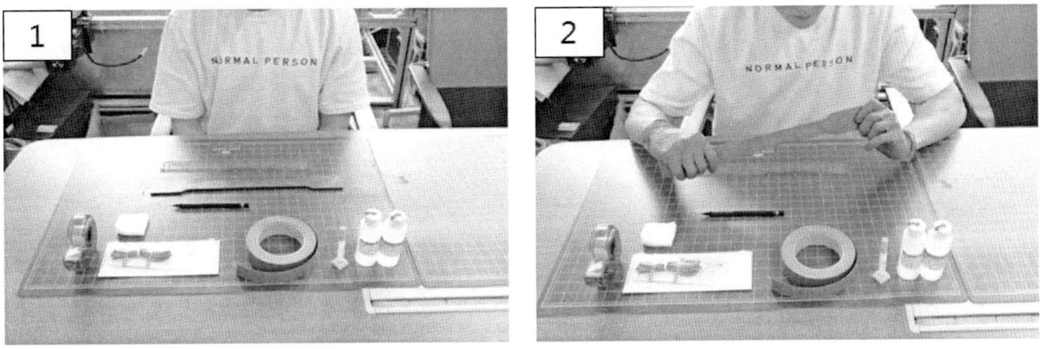

▲ **그림 6.6** 인장 시험절차 (1단계)

6.4.2 스트레인 게이지 부착을 위한 전처리

- 연마지를 이용한 시편 표면 연마
- 인산 용액으로 시편 표면 세척
- 암모니아 용액으로 중화
- 스트레인 게이지 부착 위치 표시

▲ **그림 6.7** 인장 시험 절차 (2단계)

6.4.3 스트레인 게이지 부착

- 플레이트를 인산 용액으로 세척
- 암모니아 용액을 사용하여 중화
- 스트레인 게이지 부착용 테이프 (PCT-2M)을 플레이트에 부착
- 스트레인 게이지를 플레이드와 테이프 사이에 부착
- 접착제를 이용하여 시편의 중심에 게이지 부착

▲ **그림 6.8** 인장 시험절차 (3단계)

6.4.4 부착된 스트레인 게이지 검사 (저항 측정)

- 스트레인 게이지의 저항 측정해 부착 건전성 확인

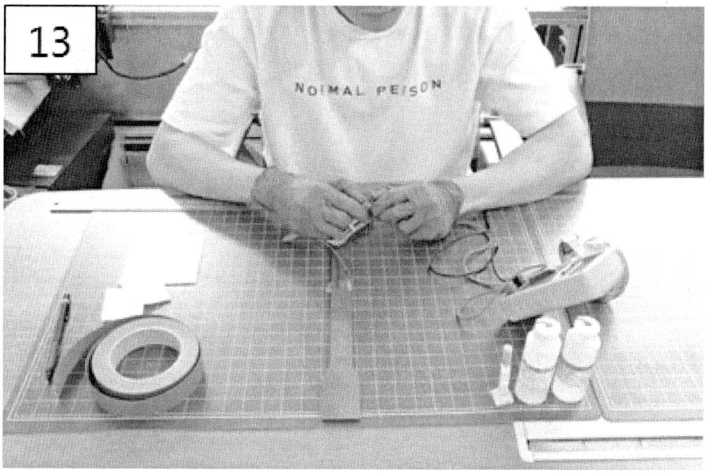

▲ **그림 6.9** 인장 시험절차 (4단계)

6.4.5 시험 수행을 위해 시편의 장비 장착

- 시편과 장비의 중심축을 정렬하여 시편 장착
- 스트레인 게이지의 신호 측정 장치 연결

▲ **그림 6.10** 인장 시험절차 (5단계)

6.4.6 시험 규정에 의거한 속도로 시험 수행

- 인장 및 면내 전단 시험 : 2.0mm/min
- 시편이 파손될 때까지 시험 수행

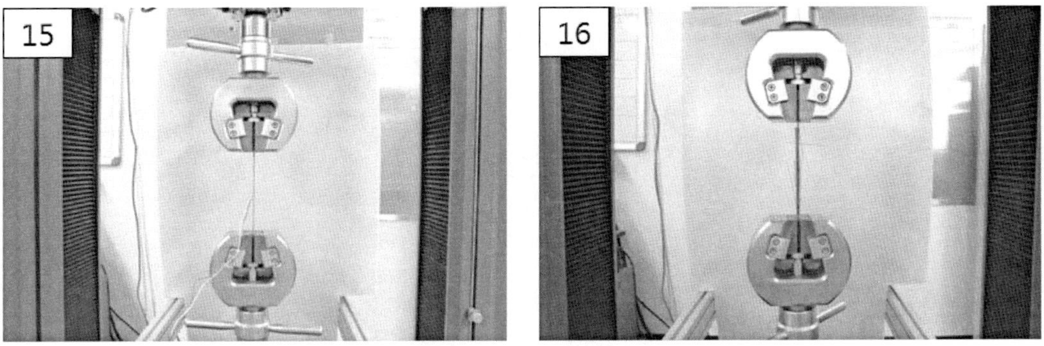

▲ **그림 6.11** 인장 시험절차 (6단계)

6.4.7 파손모드 분석

- 시험 규정을 통한 시편 파손 모드 분석

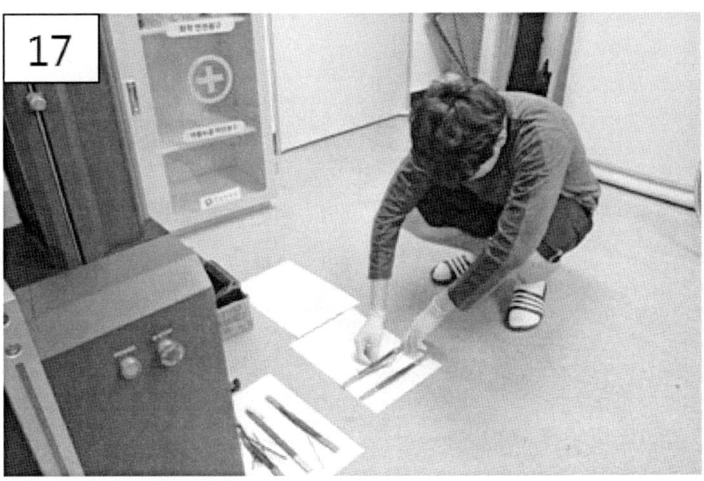

▲ **그림 6.12** 인장 시험절차 (7단계)

6.4.8 데이터 분석

- 시험 데이터 정리를 통한 물성 도출
- 데이터 분석을 통한 시험 수행 건전성 평가

▲ **그림 6.13** 인장 시험절차 (8단계)

CHAPTER

07

DC 모터 실험(1) - DC 모터의 속도계수 측정

학 과	기계공학과	교과목	기계공학실험(Ⅰ)	학 년	2	조편성	조
실험실		실험내용	DC 모터 실험(1) - DC 모터의 속도계수 측정	학 번		성 명	

1 실험 목적

DC 모터의 저항과 전압을 전기계측기로 직접 측정하고 DC 모터의 회전속도를 디지털 핸드 타코미터 (digital hand tachometer)로 직접 측정하여, 서보-앰프 전압게인 (servo-amplifier voltage gain)과 모터 속도계수 (motor speed constant)를 계산하여 DC 모터의 속도 응답 특성을 확인한다. DC 모터의 회전속도는 DC 모터에 공급되는 전압에 비례함을 실험적으로 확인한다.

2 실험 개요

① DC 모터는 Maxon 모터 (전기모터-기어박스-엔코드로 구성)를 사용하여 실험한다.

② DC 모터의 전기적 특성을 나타내는 "저항 (Ω)"값을 직접 측정한다.

③ 함수발생기 (function generator)를 이용하여 DC 전압을 조절하여 입력하고, 이때 DC 모터에 인가되는 "전압 (volt)"값을 직접 측정한다.

④ DC 모터를 구동하기 위한 "서보-앰프 (구동 드라이버, 제어기)"의 특성을 나타내는 "서보-앰프 전압게인 (servo-amplifier voltage gain)"을 실험적으로 구한다.

⑤ DC 모터의 회전속도 (rpm)을 "디지탈 핸드 타코미터 (tachometer)"를 이용하여 직접 측정한다.

⑥ DC 모터에 인가되는 전압 (volt)과 DC 모터의 회전속도 (rpm) 사이의 특성을 나타내는 "모터 속도계수 (motor speed constant)"를 실험적으로 구한다.

3 실험 순서

① 전기선 연결 방법을 눈으로 확인

② DC 모터의 저항 측정

③ 함수발생기의 전압 설정 (DC 0 Volt)

④ 전원공급기 (power supply)의 전원 켜기 (ON)

⑤ 함수발생기의 전압 변경

→ DC 모터의 전압 (volt) 측정

→ 디지털 타코미터로 DC 모터의 회전속도 (rpm) 측정

⑥ 순서 ⑤를 반복하여 실험

4 실험용 DC 모터

실험용 DC 모터는 Maxon DC 모터이다. Maxon DC 모터의 구조는 그림 7.1과 같이 DC 모터-기어박스-엔코더로 구성되어 있다.

Maxon DC 모터의 사양은 그림 7.2와 같다. 실험에서 사용할 DC 모터는 제품번호가 118740인 것으로, 정격 전압은 4.5V, 정격 전류는 1.5A, 정격속도는 4,910rpm, 정격토크는 11.4mNm, 무부하시의 속도는 5,350rpm, 무부하시의 전류는 79.6mA, 스톨토크는 138mNm, 저항은 0.261Ω, 토크계수는 8mNm/A, 속도계수는 1,190rpm/V이다.

Maxon DC 모터의 기어박스 사양은 그림 7.3과 같다. 실험에서 사용할 기어박스의 감속비는 20:1, 104: 1, 181:1 등이다. 감속비가 181:1 인 경우의 기어박스는 제품번호가 406771인 것으로, 3단의 평기어로 이루어져 있고 연속 최대 토크는 4.5Nm이다.

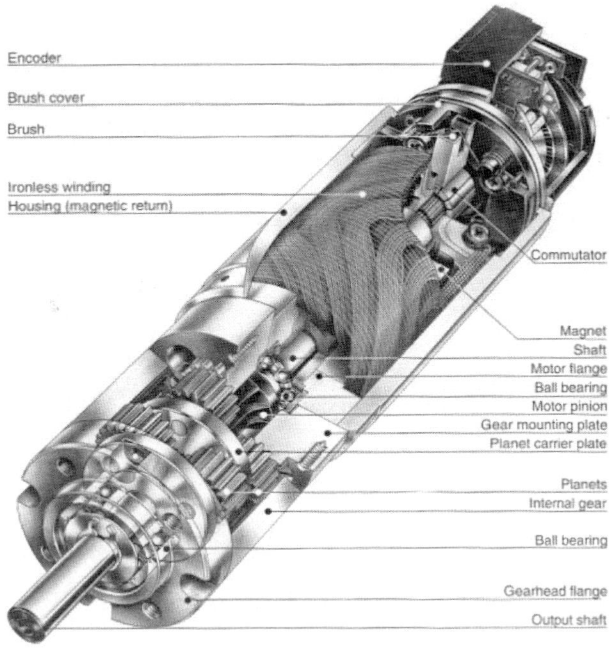

▲ **그림 7.1** Maxon DC 모터의 구조

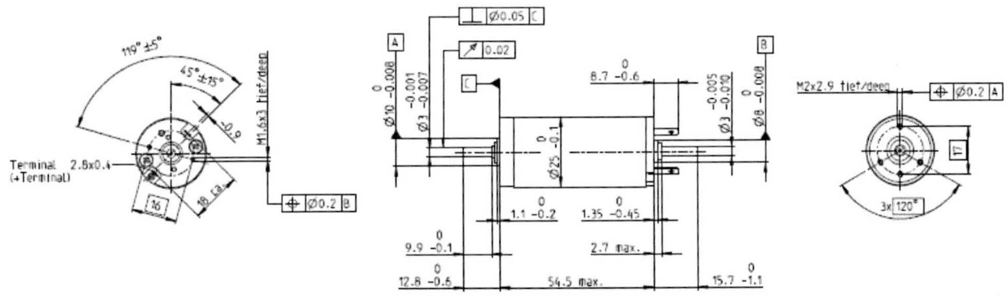

M 1:2

Stock program
Standard program
Special program (on request)

		Order Number								
		118740	118741	118742	118743	118744	118745	118746	118747	118748
Motor Data										
Values at nominal voltage										
1 Nominal voltage	V	4.5	8.0	9.0	12.0	15.0	18.0	24.0	32.0	48.0
2 No load speed	rpm	5350	5310	5230	4850	4980	4780	5190	5510	5070
3 No load current	mA	79.6	44.3	38.6	26.2	21.7	17.2	14.3	11.6	6.95
4 Nominal speed	rpm	4910	4510	4230	3820	3940	3740	4150	4470	4030
5 Nominal torque (max. continuous torque)	mNm	11.4	20.9	24.0	29.1	28.8	28.9	28.8	28.6	28.7
6 Nominal current (max. continuous current)	A	1.50	1.50	1.50	1.26	1.03	0.823	0.668	0.529	0.325
7 Stall torque	mNm	138	139	126	137	138	133	144	152	140
8 Starting current	A	17.2	9.73	7.72	5.82	4.83	3.72	3.28	2.76	1.56
9 Max. efficiency	%	87	87	86	87	87	87	87	88	87
Characteristics										
10 Terminal resistance	Ω	0.261	0.822	1.17	2.06	3.10	4.84	7.31	11.6	30.9
11 Terminal inductance	mH	0.0275	0.0882	0.115	0.238	0.353	0.551	0.832	1.31	3.48
12 Torque constant	mNm / A	8.00	14.3	16.4	23.5	28.6	35.8	44.0	55.2	90.0
13 Speed constant	rpm / V	1190	667	584	406	333	267	217	173	106
14 Speed / torque gradient	rpm / mNm	39.0	38.3	41.6	35.6	36.1	36.0	36.1	36.3	36.4
15 Mechanical time constant	ms	4.74	4.15	4.12	4.00	3.98	3.97	3.97	3.97	3.97
16 Rotor inertia	gcm²	11.6	10.3	9.45	10.7	10.5	10.5	10.5	10.4	10.4

▲ **그림 7.2** Maxon DC 모터의 사양

maxon gear

Planetary Gearhead GP 26 A ∅26 mm, 0.75–4.5 Nm

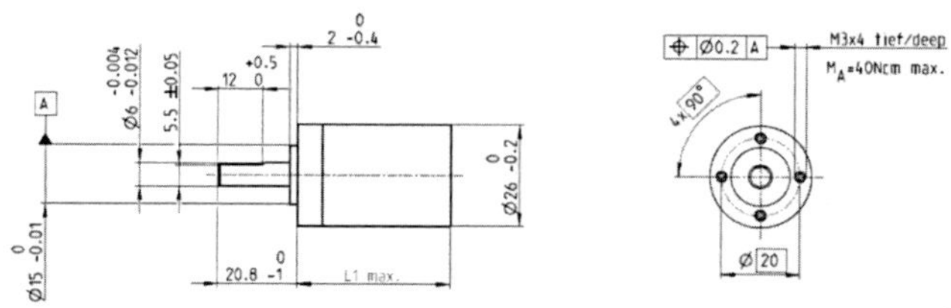

M 1:2

Technical Data		
Planetary Gearhead		straight teeth
Output shaft		stainless steel, hardened
Bearing at output		preloaded ball bearings
Radial play, 5 mm from flange		max. 0.1 mm
Axial play at axial load	< 6 N	0 mm
	> 6 N	max. 0.4 mm
Max. axial load (dynamic)		120 N
Max. force for press fits		120 N
Direction of rotation, drive to output		=
Max. continuous input speed		8000 rpm
Recommended temperature range		-30...+100°C
Extended range as option		-40...+100°C
Number of stages	1 / 2	3
Max. radial load, 12 mm from flange	70 N / 110 N	140 N

Stock program
Standard program
Special program (on request)

Gearhead Data		Part Numbers: 406757	406762	406764	406767	406128	406769	406770	406771	406092
1 Reduction		5.2:1	19:1	27:1	35:1	71:1	100:1	139:1	181:1	236:1
2 Absolute reduction		57/11	3591/187	3249/121	1539/44	226233/3179	204687/2057	185193/1331	87723/484	41553/176
3 Max. motor shaft diameter	mm	3	3	3	3	3	3	3	3	3
4 Number of stages		1	2	2	2	3	3	3	3	3
5 Max. continuous torque	Nm	0.75	2.25	2.25	2.25	4.5	4.5	4.5	4.5	4.5
6 Max. intermittent torque at gear output	Nm	1.1	3.2	3.2	3.2	6.2	6.2	6.2	6.2	6.2
7 Max. efficiency	%	90	80	80	80	70	70	70	70	70
8 Weight	g	53	77	77	77	93	93	93	93	93
9 Average backlash no load	°	0.5	0.7	0.7	0.7	0.8	0.8	0.8	0.8	0.8
10 Mass inertia	gcm²	0.96	0.54	0.54	0.54	0.31	0.31	0.31	0.31	0.31
11 Gearhead length L1	mm	23.4	32.9	32.9	32.9	39.5	39.5	39.5	39.5	39.5
13 Max. transmittable power (continuous)	W	60	35	35	35	20	20	20	20	20
14 Max. transmittable power (intermittent)	W	90	50	50	50	30	30	30	30	30

▲ 그림 7.3 Maxon DC 모터의 기어박스 사양

실험용 Maxon DC 모터의 구동을 위한 제어기 (서보-앰프, servo-amplifier)는 그림 7.4와 같고 4-Q-DC Servo Control LSC 30/2 모델로 제품번호는 250521이다. 제어기 (서보-앰프)의 전기적인 데이터는 공급전압이 12~30V, 최대 출력전압은 25V, 최대 출력전류는 2A, 최대 출력파워는 50W이다. 제어기 (서보-앰프)는 함수발생기나 PC로부터 전압을 입력 받아 전압을 증폭 (실제는 전력증폭)하여 DC 모터에 전압을 공급한다.

maxon motor

maxon motor control — **4-Q-DC Servo Control LSC 30/2**

Order number 250521

Operating Instructions — **June 2010 Edition**

The LSC 30/2 (**L**inear **S**ervo **C**ontroller) is a linear 4-Q-Servoamplifier used to control DC motors up to approx. 50 W that are powered by permanent magnets.

Electrical data

Supply voltage V_{CC} .... 12 – 30 VDC
Max. output voltage .... 25 V
Max. output current I_{max} .... 2 A
Max. power output .... 50 W
It is advisable to consider mounting on a heat sinking surface if ambient temperature is high and there is a high power loss in the LSC !

▲ 그림 7.4 Maxon DC 모터의 제어기 (서보-앰프)

5 실험 방법

타코미터 (tachometer)를 이용한 DC 모터의 회전속도 측정 실험 개념도는 그림 7.5와 같다. 엔코더 (encoder) 센서를 이용하여 DC 모터의 회전속도를 측정할 경우에는 DC 모터 축의 회전속도를 직접 측정할 수 있다. 그러나 이번 실험에서는 기어박스의 출력축에서의 부하(load)의 회전속도를 타코미터 센서를 이용하여 측정한다.

N_{gb}는 기어박스의 감속비이다.

K_v는 servo-amplifier voltage gain (서보-앰프 전압게인)으로, K_v $(= V_m / V_f)$값은 실험으로 구한다.

K_s는 motor speed constant (모터의 속도계수)로, K_s $(= S_m / V_m)$값은 실험으로 구한다.

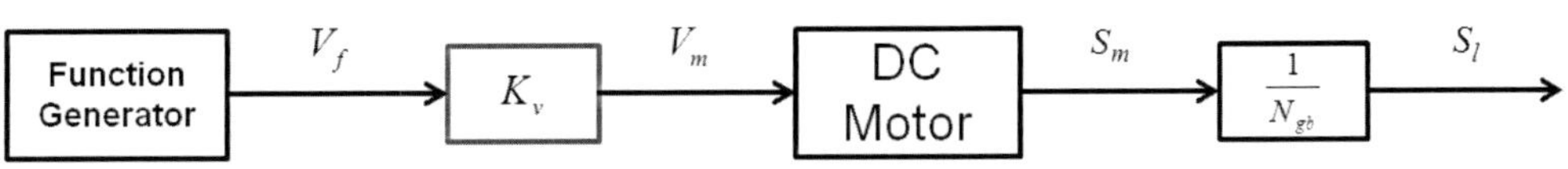

▲ 그림 7.5 DC 모터의 회전속도 측정 실험 개념도

V_f[V]	함수발생기 입력전압
V_m[V]	모터 인가전압
S_m[rpm]	모터 회전속도
S_l[rpm]	부하(load) 회전속도

Maxon DC 모터를 구동하여 DC 모터의 회전속도를 타코미처 센서를 이용하여 측정하기 위한 실험 방법은 그림 7.6과 같다.

제어기 (서보-앰프)는 16개의 전기단자 (1~16)가 있다. 제어기 (서보-앰프)를 on 시키기 위하여 전원공급기를 이용하여 제어기 (서보-앰프)의 전기단자 3과 4에 연결한다. 12~30V의 DC 전압을 전원공급기를 통하여 제어기 (서보-앰프)에 공급하도록 설정한다. DC 모터를 일정한 속도로 구동하기 위한 기준입력은 함수발생기나 PC를 이용하여 전압을 설정하여 제어기 (서보-앰프)의 전기단자 7과 8에 연결한다. 제어기 (서보-앰프)에 전압이 입력되면 전력이 증폭되어 증폭된 전압이 DC 모터에 공급되는데 제어기 (서보-앰프)의 전기단자 1과 2를 DC 모터와 연결한다.

제어기 (서보-앰프)는 여러 종류의 모드 (mode)가 있는데, 실험에서는 Voltage Regulator 모드로 설정한다. 10개의 핀 중에 1, 2, 9번 핀을 on시키면 Voltage Regulator 모드로 설정된다.

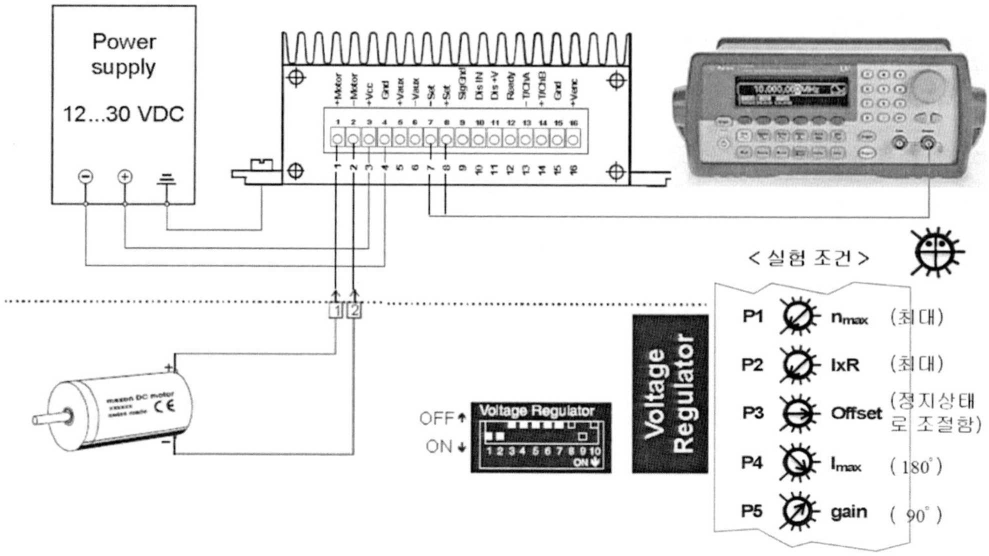

▲ **그림 7.6** Maxon DC 모터의 구동을 위한 실험 방법

DC 모터의 회전속도 측정을 위하여 DC 모터를 구동하기 위한 실제 실험 모습은 그림 7.7과 같다. 제어기 (서보-앰프)를 on 시키기 위하여 전원공급기를 이용하여 제어기 (서보-앰프)의 전기단자 3과 4에 연결한다. 12~30V의 DC 전압을 전원공급기를 통하여 제어기 (서보-앰프)에 공급하도록 설정하고, 이때의 전원공급기의 전압 (15V)과 전류를 측정 및 기록한다. DC 모터를 일정한 속도로 구동하기 위한 기준입력은 함수발생기를 이용하여 DC 전압을 설정 (0.2V, 0.3V, 0.4V)하여 제어기 (서보-앰프)의 전기단자 7과 8에 연결한다. 제어기 (서보-앰프)에 전압이 입력되면 전력이 증폭되어 증폭된 전압이 DC 모터에 공급되는데, 제어기 (서보-앰프)의 전기단자 1과 2를 DC 모터와 연결한다. 이때 DC 모터에 공급되는 전압을 측정한다.

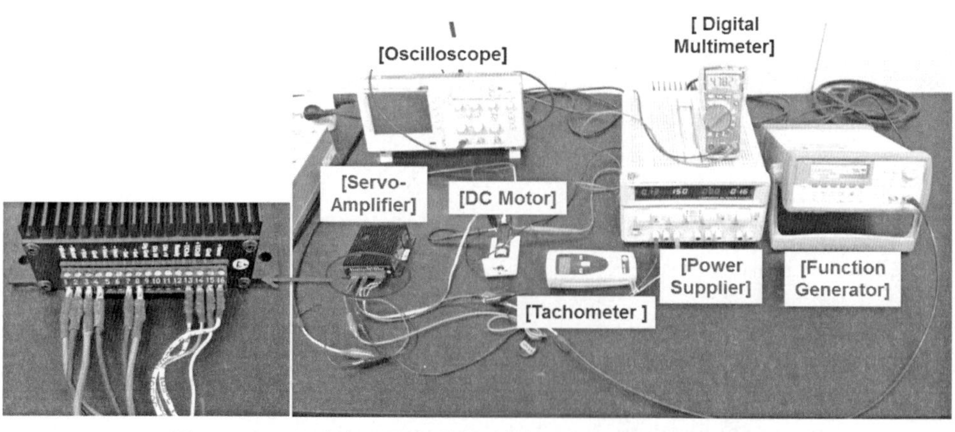

▲ **그림 7.7** DC 모터의 구동을 위한 실험 모습: DC 모터 회전속도 실험

DC 모터의 저항 측정과 제어기 (서보-앰프)를 통하여 DC 모터에 공급되는 전압 측정은 그림 7.8과 같이 디지털 멀티미터 (digital multimeter)를 이용한다.

DC 모터의 회전속도 측정은 디지털 핸드 타코미터 (digital hand tachometer)를 이용한다. 타코미터를 이용할 경우 DC 모터의 회전속도를 직접 측정할 수가 없다. 대신에 DC 모터의 회전축이 기어박스를 통하여 연결된 부하축의 회전속도를 측정할 수 있다. 부하축의 회전속도를 측정하여 기어비를 곱해주면 실제 DC 모터의 회전속도를 계산할 수 있다.

디지털 핸드 타코미터를 이용할 경우 측정거리는 약 5cm가 적당하며 타코미터와 측정하는 부하축 사이의 거리가 너무 가깝거나 멀면 회전속도를 정확히 측정할 수 없게 되므로, 측정 시에 주의가 필요하다. 또한 디지털 핸드 타코미터에서는 회전속도를 rpm 값으로 실시간으로 읽을 수 있는데, 초기 5~10초 정도의 시간에는 정상상태의 회전속도 값이 아닌 과도상태의 회전속도 값이 읽혀질 수 있으므로, 10초 이상의 시간이 지난 후에 정상상태 값을 측정할 수 있도록 주의가 필요하다.

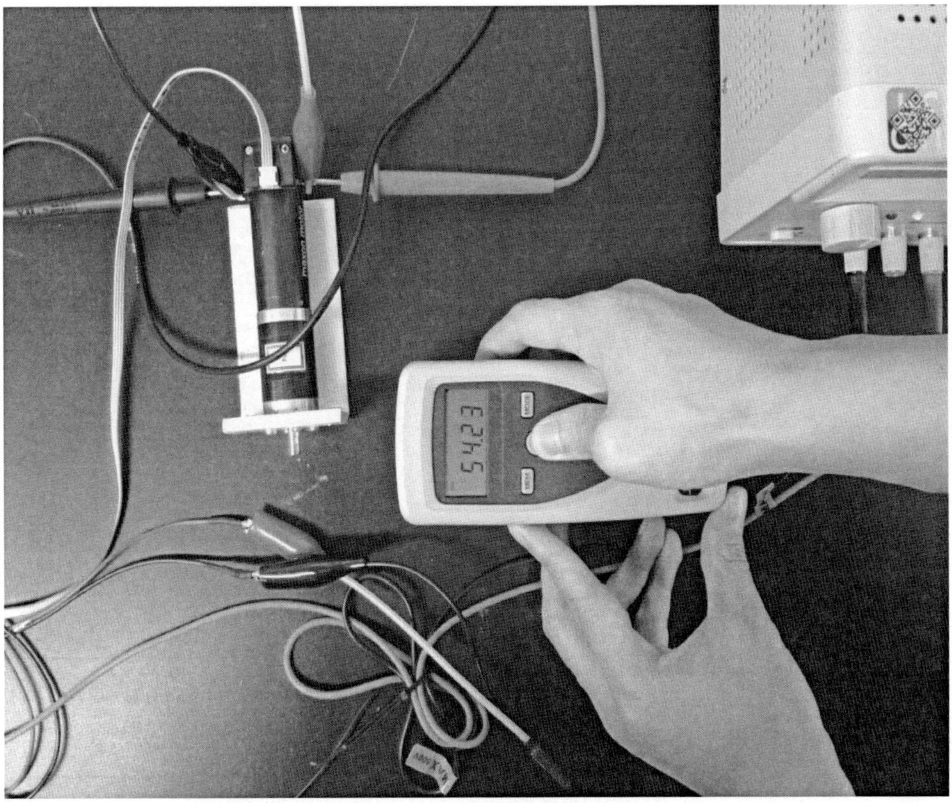

▲ 그림 7.8 디지털 핸드 타코미터를 이용한 회전속도 측정 모습

6 실험 결과 보고서

DC 모터의 속도계수 측정 실험에 대한 실험결과를 다음의 실험결과 보고서에 따라서 작성하고 실험결과를 분석 및 토의한다.

DC 모터 실험(1):
DC 모터의 속도계수 측정

→ 모터의 저항, 전압, 회전속도 측정
→ 서보-앰프 전압게인, 모터 속도계수 측정

날짜	분반	학번	이름

한밭대학교 HANBAT NATIONAL UNIVERSITY

1

DC 모터 실험(1): 결과보고서

▣ 모터 실험 결과를 바탕으로 다음 표를 완성하시오.

Power supply		Function Generator	Load	Motor			실험결과에서 계산	
Voltage [V] [확인]	Current [A] [확인]	Voltage (Vf,[V]) [확인]	Load speed (Sl,[rpm]) [측정]	Speed(Sl) =Load speed x N_{gb} (Sm,[rpm]) [계산]	Voltage (Vm,[V]) [측정]	Resistance (Ω) [측정]	Kv (Vm/Vf) [계산]	Ks (Sm/Vm) [rpm/V] [계산]
	0.1~0.15	0.2						
15	0.1~0.15	0.3						
	0.1~0.15	0.4						

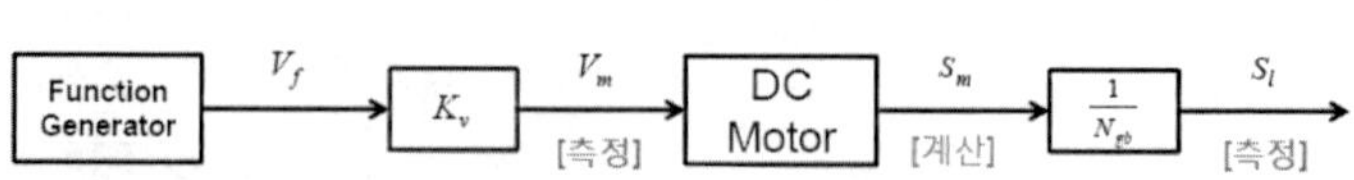

K_v : *servo-amplifier voltage gain* (서보-앰프 전압게인)

$K_v = V_m / V_f = ?$

N_{gb} : *reduction gear ratio* (감속 기어비)

K_s : *motor speed constant* (모터 속도계수)

$K_s = S_m / V_m = ?$

한밭대학교 HANBAT NATIONAL UNIVERSITY

2

DC 모터 실험(1): 결과보고서

▣ 다음 그래프에 모터 실험 결과를 표시하고 대표되는 Kv값과 Ks값을 결정하시오.

K_v : *servo – amplifier voltage gain*
(서보-앰프 전압게인)
$K_v = V_m/V_f = ?$

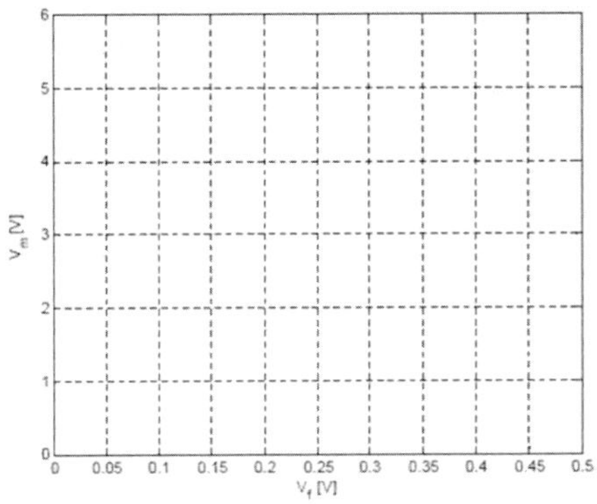

K_s : *motor speed constant*
(모터 속도계수)
$K_s = S_m/V_m = ?$

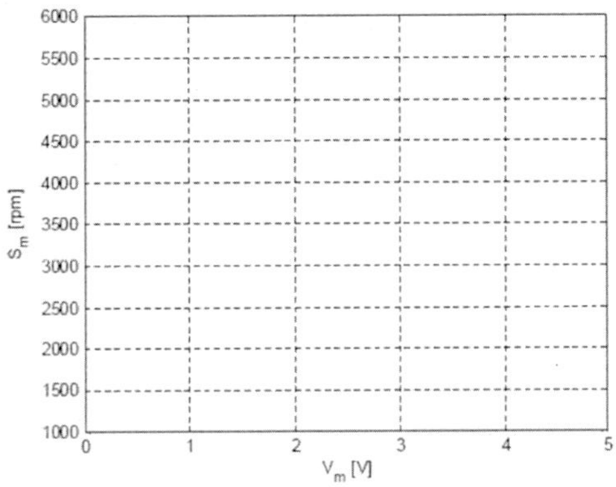

국립 한밭대학교 HANBAT NATIONAL UNIVERSITY

3

DC 모터 실험(1): 결과보고서

▣ 모터에 연결된 로드를 60rpm(Sl)으로 회전시키고자 할 때, 실험으로 선정된 Kv값과 Ks값을 이용하여 함수발생기의 공급전압(Vf), 모터의 인가전압(Vm), 모터의 회전속도(Sm)를 구하시오.

Kv[V/V]	Ks[rpm/V]	Sl[rpm]	Sm[rpm]	Vm[V]	Vf[V]
		60			

국립 한밭대학교 HANBAT NATIONAL UNIVERSITY

4

CHAPTER

08

DC 모터 실험(2) - DC 모터의 토크계수 측정

학 과	기계공학과	교과목	기계공학실험(Ⅰ)	학 년	2	조편성	조
실험실		실험내용	DC 모터 실험(2) - DC 모터의 토크계수 측정	학 번		성 명	

1 실험 목적

DC 모터의 전류를 전류계 (ammeter, amperemeter)로 직접 측정하고 DC 모터의 토크를 토크미터 (torque meter)로 직접 측정하여, 모터 토크계수 (motor torque constant)를 계산하여 DC 모터의 토크 응답 특성을 확인한다. DC 모터에 발생하는 토크는 DC 모터에 흐르는 전류에 비례함을 실험적으로 확인한다.

2 실험 개요

① DC 모터는 Maxon 모터 (전기모터-기어박스-엔코드로 구성)를 사용하여 실험한다.

② 함수발생기를 이용하여 DC 전압을 조절하여 입력한다.

③ DC 모터에 흐르는 "전류 (current)"값을 "전류계"를 이용하여 직접 측정한다.

④ DC 모터에 발생하는 "토크 (torque)"값을 "토크미터"를 이용하여 직접 측정한다.

⑤ DC 모터에 인가되는 전류 (current)와 DC 모터의 토크 (torque) 사이의 특성을 나타내는 "모터 토크계수 (motor torque constant)"를 실험적으로 구한다.

3 실험 순서

① 전기선 연결 방법을 눈으로 확인

② 함수발생기의 전압 설정 (DC 0 Volt)

③ 전원공급기의 전원 켜기 (ON)

④ 함수발생기의 전압 변경

→ 전류계로 DC 모터의 전류 (A) 측정

→ 토크미터로 DC 모터의 토크 (Ncm) 측정

⑤ 순서 ④를 반복하여 실험

4 실험용 DC 모터

실험용 DC 모터는 Maxon DC 모터이다. Maxon DC 모터의 구조는 그림 8.1과 같이 DC 모터-기어박스-엔코더로 구성되어 있다.

Maxon DC 모터의 사양은 그림 8.2와 같다. 실험에서 사용할 DC 모터는 제품번호가 118740인 것으로, 정격 전압은 4.5V, 정격 전류는 1.5A, 정격속도는 4,910rpm, 정격토크는 11.4mNm, 무부하시의 속도는 5,350rpm, 무부하시의 전류는 79.6mA, 스톨토크는 138mNm, 저항은 0.261Ω, 토크계수는 8mNm/A, 속도계수는 1,190rpm/V이다.

Maxon DC 모터의 기어박스 사양은 그림 8.3과 같다. 실험에서 사용할 기어박스의 감속비는 20:1, 104: 1, 181:1 등이다. 감속비가 181:1인 경우의 기어박스는 제품번호가 406771인 것으로, 3단의 평기어로 이루어져 있고 연속 최대 토크는 4.5Nm이다.

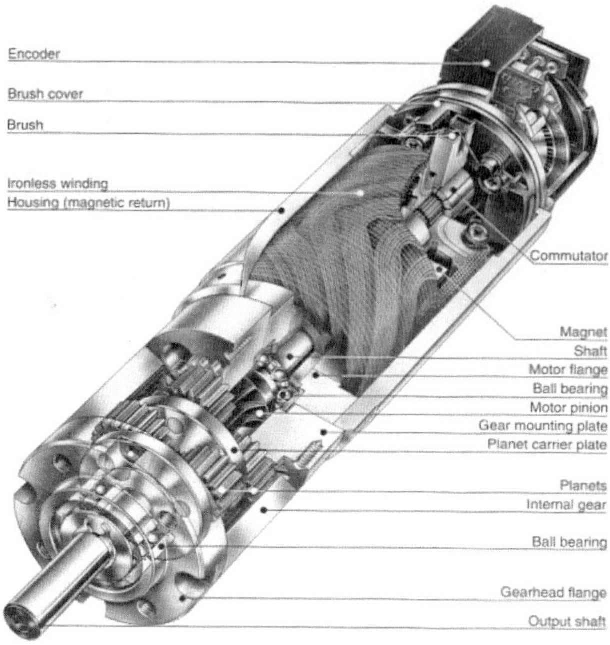

▲ **그림 8.1** Maxon DC 모터의 구조

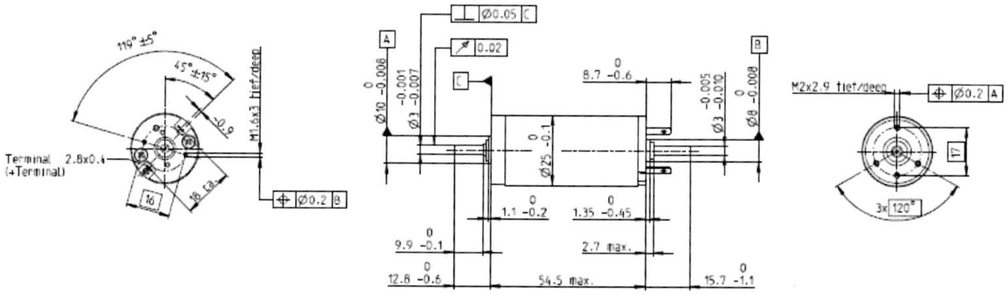

M 1:2

- Stock program
- Standard program
- Special program (on request)

Motor Data	Unit	118740	118741	118742	118743	118744	118745	118746	118747	118748
Values at nominal voltage										
1 Nominal voltage	V	4.5	8.0	9.0	12.0	15.0	18.0	24.0	32.0	48.0
2 No load speed	rpm	5350	5310	5230	4850	4980	4780	5190	5510	5070
3 No load current	mA	79.6	44.3	38.6	26.2	21.7	17.2	14.3	11.6	6.95
4 Nominal speed	rpm	4910	4510	4230	3820	3940	3740	4150	4470	4030
5 Nominal torque (max. continuous torque)	mNm	11.4	20.9	24.0	29.1	28.8	28.9	28.8	28.6	28.7
6 Nominal current (max. continuous current)	A	1.50	1.50	1.50	1.26	1.03	0.823	0.668	0.529	0.325
7 Stall torque	mNm	138	139	126	137	138	133	144	152	140
8 Starting current	A	17.2	9.73	7.72	5.82	4.83	3.72	3.28	2.76	1.56
9 Max. efficiency	%	87	87	86	87	87	87	87	88	87
Characteristics										
10 Terminal resistance	Ω	0.261	0.822	1.17	2.06	3.10	4.84	7.31	11.6	30.9
11 Terminal inductance	mH	0.0275	0.0882	0.115	0.238	0.353	0.551	0.832	1.31	3.48
12 Torque constant	mNm / A	8.00	14.3	16.4	23.5	28.6	35.8	44.0	55.2	90.0
13 Speed constant	rpm / V	1190	667	584	406	333	267	217	173	106
14 Speed / torque gradient	rpm / mNm	39.0	38.3	41.6	35.6	36.1	36.0	36.1	36.3	36.4
15 Mechanical time constant	ms	4.74	4.15	4.12	4.00	3.98	3.97	3.97	3.97	3.97
16 Rotor inertia	gcm²	11.6	10.3	9.45	10.7	10.5	10.5	10.5	10.4	10.4

(Order Number)

▲ **그림 8.2** Maxon DC 모터의 사양

Planetary Gearhead GP 26 A ∅26 mm, 0.75–4.5 Nm

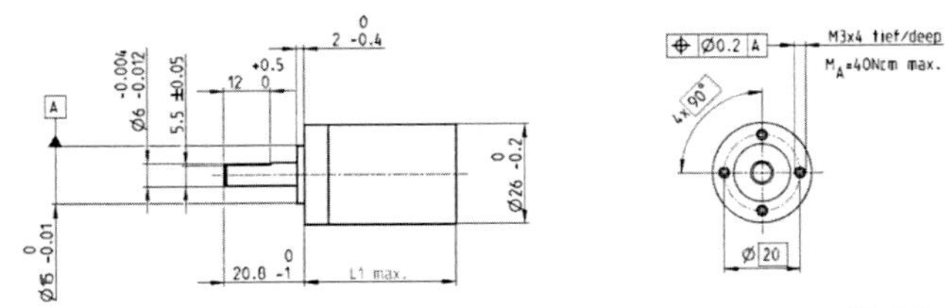

M 1:2

Technical Data

Planetary Gearhead			straight teeth
Output shaft			stainless steel, hardened
Bearing at output			preloaded ball bearings
Radial play, 5 mm from flange			max. 0.1 mm
Axial play at axial load	< 6 N		0 mm
	> 6 N		max. 0.4 mm
Max. axial load (dynamic)			120 N
Max. force for press fits			120 N
Direction of rotation, drive to output			=
Max. continuous input speed			8000 rpm
Recommended temperature range			-30...+100°C
Extended range as option			-40...+100°C
Number of stages	1	2	3
Max. radial load, 12 mm from flange	70 N	110 N	140 N

Stock program
Standard program
Special program (on request)

Part Numbers

Gearhead Data		406757	406762	406764	406767	406128	406769	406770	406771	406092
1 Reduction		5.2 : 1	19 : 1	27 : 1	35 : 1	71 : 1	100 : 1	139 : 1	181 : 1	236 : 1
2 Absolute reduction		57/11	3591/187	3249/121	1539/44	226233/3179	204687/2057	185193/1331	87723/484	41553/176
3 Max. motor shaft diameter	mm	3	3	3	3	3	3	3	3	3
4 Number of stages		1	2	2	2	3	3	3	3	3
5 Max. continuous torque	Nm	0.75	2.25	2.25	2.25	4.5	4.5	4.5	4.5	4.5
6 Max. intermittent torque at gear output	Nm	1.1	3.2	3.2	3.2	6.2	6.2	6.2	6.2	6.2
7 Max. efficiency	%	90	80	80	80	70	70	70	70	70
8 Weight	g	53	77	77	77	93	93	93	93	93
9 Average backlash no load	°	0.5	0.7	0.7	0.7	0.8	0.8	0.8	0.8	0.8
10 Mass inertia	gcm²	0.96	0.54	0.54	0.54	0.31	0.31	0.31	0.31	0.31
11 Gearhead length L1	mm	23.4	32.9	32.9	32.9	39.5	39.5	39.5	39.5	39.5
13 Max. transmittable power (continuous)	W	60	35	35	35	20	20	20	20	20
14 Max. transmittable power (intermittent)	W	90	50	50	50	30	30	30	30	30

▲ **그림 8.3** Maxon DC 모터의 기어박스 사양

실험용 Maxon DC 모터의 구동을 위한 제어기 (서보-앰프, servo-amplifier)는 그림 8.4와 같고 4-Q-DC Servo Control LSC 30/2 모델로 제품번호는 250521이다. 제어기 (서보-앰프)의 전기적인 데이터는 공급전압이 12~30V, 최대 출력전압은 25V, 최대 출력전류는 2A, 최대 출력파워는 50W이다. 제어기 (서보-앰프)는 함수발생기나 PC로부터 전압을 입력 받아 전압을 증폭 (실제는 전력증폭)하여 DC 모터에 전압을 공급한다.

maxon motor

maxon motor control — **4-Q-DC Servo Control LSC 30/2**

Order number 250521

Operating Instructions — **June 2010 Edition**

The LSC 30/2 (**L**inear **S**ervo **C**ontroller) is a linear 4-Q-Servoamplifier used to control DC motors up to approx. 50 W that are powered by permanent magnets.

Electrical data

Supply voltage V_{CC} .... 12 – 30 VDC
Max. output voltage .... 25 V
Max. output current I_{max} .... 2 A
Max. power output .... 50 W
It is advisable to consider mounting on a heat sinking surface if ambient temperature is high and there is a high power loss in the LSC !

▲ **그림 8.4** Maxon DC 모터의 제어기 (서보-앰프)

5 실험 방법

토크미터 (torque meter)를 이용한 DC 모터의 토크 측정 실험 개념도는 그림 8.5와 같다. 기어박스의 입력축에서의 DC 모터의 토크를 직접 측정할 수 없으므로, 이번 실험에서는 기어박스의 출력축에서의 부하 토크를 토크미터 센서를 이용하여 측정한다.

N_{gb}는 기어박스의 감속비이다.

K_v는 servo–amplifier voltage gain (서보–앰프 전압게인)으로, K_v $(= V_m / V_f)$값은 실험으로 구한다.

K_T는 motor torque constant (모터의 토크계수)로, K_T $(= T_m / I_m)$값은 실험으로 구한다.

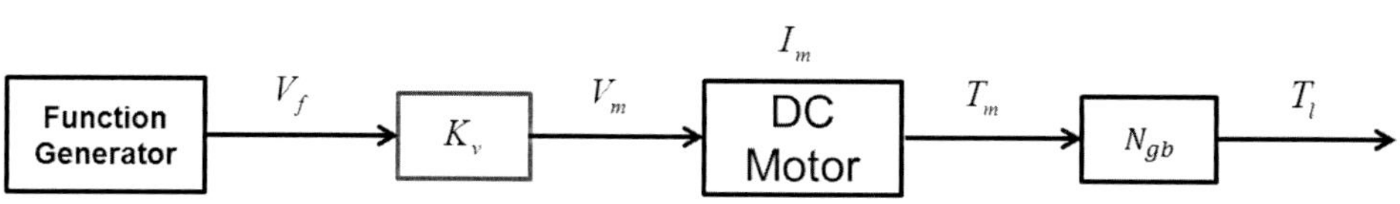

▲ **그림 8.5** DC 모터의 토크 실험 개념도

V_f [V]	함수발생기 입력전압
I_m [A]	모터에 흐르는 전류
T_m [Ncm]	모터 토크
T_l [Ncm]	부하 (load) 토크

Maxon DC 모터를 구동하여 DC 모터의 토크를 토크미터 센서를 이용하여 측정하기 위한 실험 방법은 그림 8.6과 같다.

제어기 (서보–앰프)는 16개의 전기단자(1~16)가 있다. 제어기 (서보–앰프)를 on 시키기 위하여 전원공급기를 이용하여 제어기 (서보–앰프)의 전기단자 3과 4에 연결한다. 12~30V의 DC 전압을 전원공급기를 통하여 제어기 (서보–앰프)에 공급하도록 설정한다. DC 모터를 일정한 속도로 구동하기 위한 기준입력은 함수발생기나 PC를 이용하여 전압을 설정하여 제어기 (서보–앰프)의 전기단자 7과 8에 연결한다. 제어기 (서보–앰프)에 전압이 입력되면 전력이 증폭되어 증폭된 전압이 DC 모터에 공급되는데 제어기 (서보–앰프)의 전기단자 1과 2를 DC 모터와 연결한다.

제어기 (서보–앰프)는 여러 종류의 모드 (mode)가 있는데, 실험에서는 Voltage Regulator 모드로 설정한다. 10개의 핀 중에 1, 2, 9번 핀을 on시키면 Voltage Regulator 모드로 설정된다.

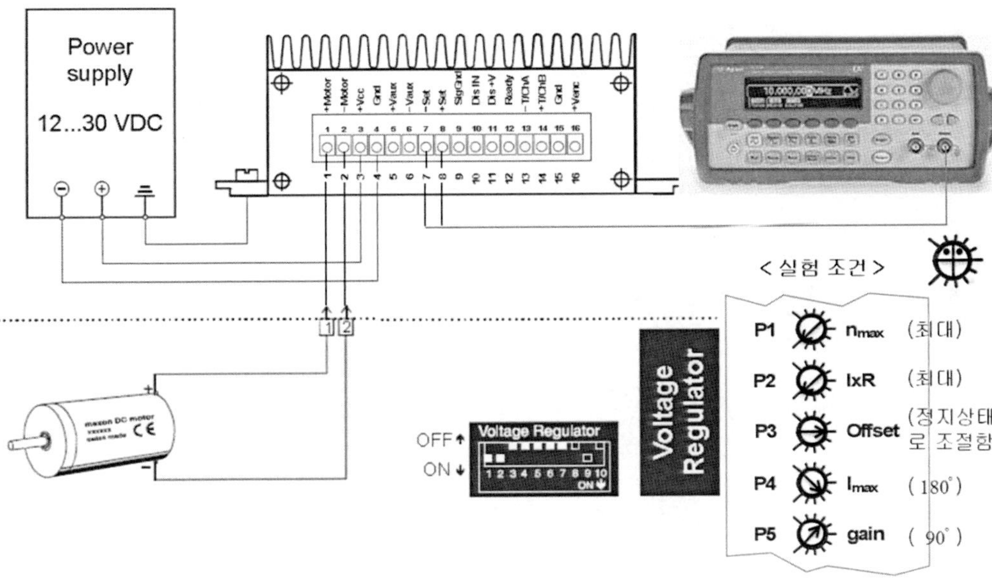

▲ **그림 8.6** Maxon DC 모터 구동을 위한 실험 방법

DC 모터의 토크 측정을 위하여 DC 모터를 구동하기 위한 실제 실험 모습은 그림 8.7과 같다. 제어기 (서보–앰프)를 on 시키기 위하여 전원공급기를 이용하여 제어기 (서보–앰프)의 전기 단자 3과 4에 연결한다. 12~30V의 DC 전압을 전원공급기를 통하여 제어기 (서보–앰프)에 공급하도록 설정하고, 이때의 전원공급기의 전압 (15V)과 전류를 측정 및 기록한다. DC 모터를 일정한 속도로 구동하기 위한 기준입력은 함수발생기를 이용하여 DC 전압을 설정 (0.02V, 0.04V, 0.06V, 0.08V 등)하여 제어기 (서보–앰프)의 전기단자 7과 8에 연결한다. 제어기 (서보–앰프)에 전압이 입력되면 전력이 증폭되어 증폭된 전압이 DC 모터에 공급되는데 제어기 (서보–앰프)의 전기단자 1과 2를 DC 모터와 연결한다. 이때 모터에 흐르는 전류와 토크를 측정한다. 실험에서 사용하는 DC 모터와 제어기 (서보–앰프)에 인가되는 최대 전류는 1.5A로 설정되어 있으므로, 실험 시에 1.5A 이상의 과전류가 흐르지 않도록 주의해야 한다.

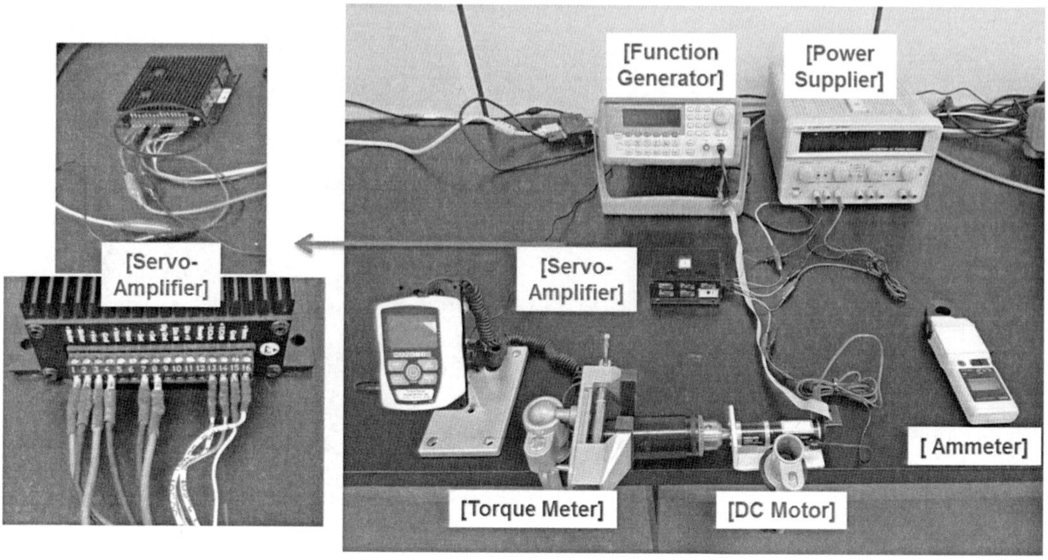

▲ **그림 8.7** DC 모터 구동을 위한 실험 모습: DC 모터의 토크 측정

제어기 (서보-앰프)를 통하여 DC 모터에 공급되는 전류 측정은 그림 8.8과 같이 전류계를 (ammeter, amperemeter) 이용한다. DC 모터에 발생하는 토크는 기어박스 (증속기)를 통하여 부하의 토크로 기어비만큼 줄어드는데, 부하의 토크를 측정하기 위하여 그림 8.8과 같이 토크미터 (torque meter)를 이용한다.

DC 모터에 공급되는 전류는 후크 형태의 전류계인 클램프미터 (후크미터)를 사용하는데, DC 모터에 공급되는 전선을 후크에 넣으면 DC 모터에 흐르는 전류를 측정할 수 있다. 실험에서 사용하는 전류계는 Amprobe 사의 LH41A 클램프미터로 AC/DC 저전류 측정용이다. 전류 측정 범위는 4A/40A 중에 자동으로 조절되고, DC 전류와 40~400Hz 주파수 범위의 AC 전류를 측정할 수 있다. 전류 측정 범위가 4A인 경우의 분해능 (resolution)은 1mA이고, 전류 측정 범위가 40A인 경우의 분해능은 10mA이다. 전류계를 이용하여 전류를 측정하기 어려운 경우에는 전원공급기의 전류를 이용할 수도 있다. 실제 실험을 통하여 전류계로 측정한 전류값과 전원공급기의 전류값이 비슷함을 확인할 수 있다.

DC 모터의 토크 측정은 토크미터 (torque meter)를 이용하는데, 실험에서 사용하는 토크미터는 MARK-10 사의 MTT03-100모델을 이용한다. MTT03-100 토크미터의 측정 범위는 1,150Ncm이고 분해능 (resolution)은 1Ncm이다. 토크미터는 미니 바이스를 이용하여 지지부와 고정시키고 DC 모터의 부하축과 연결한다. 그러므로 토크미터를 이용할 경우 DC 모터의 토크를 직접 측정할 수가 없다. 대신에 DC 모터의 회전축이 기어박스를 통하여 연결된 부하 회전축의 토크를 측정할 수 있다. 부하축의 토크를 측정하여 기어비를 곱해주면 실제 DC 모터의 토크를 계산할 수 있다.

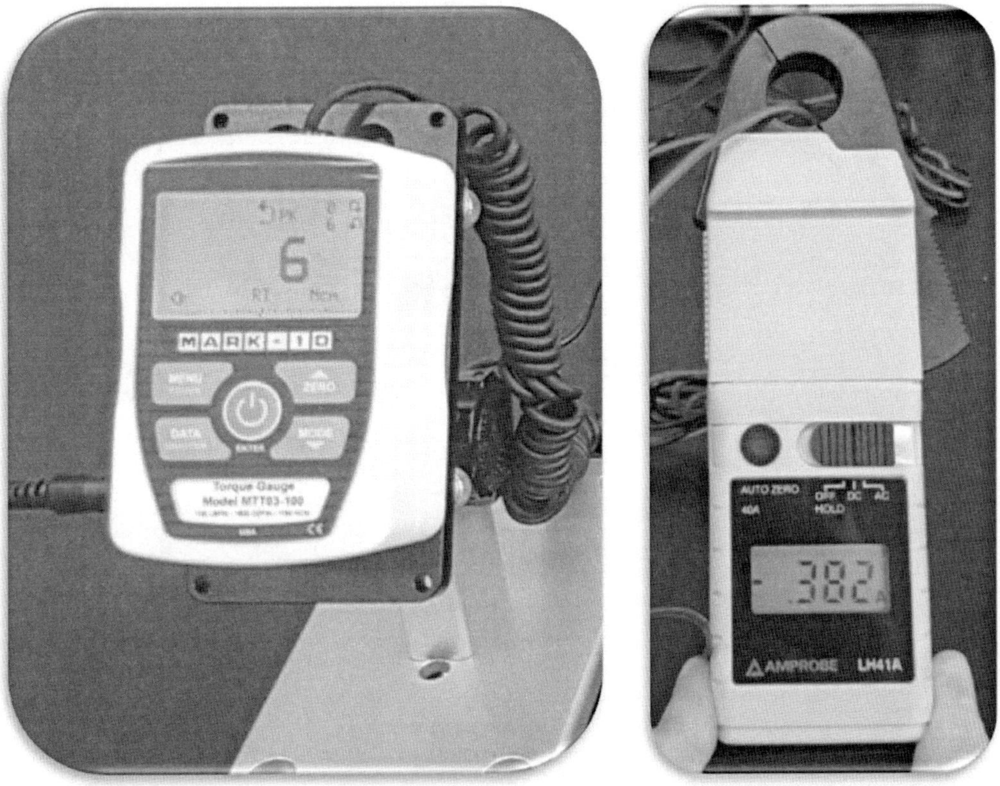

▲ **그림 8.8** 토크미터와 전류계를 이용한 토크 및 전류 측정 모습

6 실험 결과 보고서

DC 모터의 토크계수 측정 실험에 대한 실험결과를 다음의 실험결과 보고서에 따라서 작성하고 실험결과를 분석 및 토의한다.

DC 모터 실험(2): DC 모터의 토크계수 측정

→ 모터의 전류 및 토크 측정

→ "모터 토크계수" 측정

날짜	분반	학번	이름

국립 한밭대학교 HANBAT NATIONAL UNIVERSITY

1

DC 모터 실험(2): 결과보고서

▣ 모터 실험 결과를 바탕으로 다음 표를 완성하시오.

Power supply		Function Generator	Load	Motor		실험결과에서 계산	
Voltage [V] [확인]	Current [A] [확인]	Voltage (Vf,[V]) [확인]	Load torque (Tl, [Ncm]) [측정]	Torque(Tm) = Load torque x 1/N_{gb} (Tm, [Ncm]) [계산]	Current (Im,[A]) [측정]	K_T (Tm/Im) [Ncm/A] [계산]	K_T (Tm/Im) [mNm/A] [계산]
15	0.1~1.2	0.02					
	0.1~1.2	0.04					
	0.1~1.2	0.06					
	0.1~1.2	0.08					

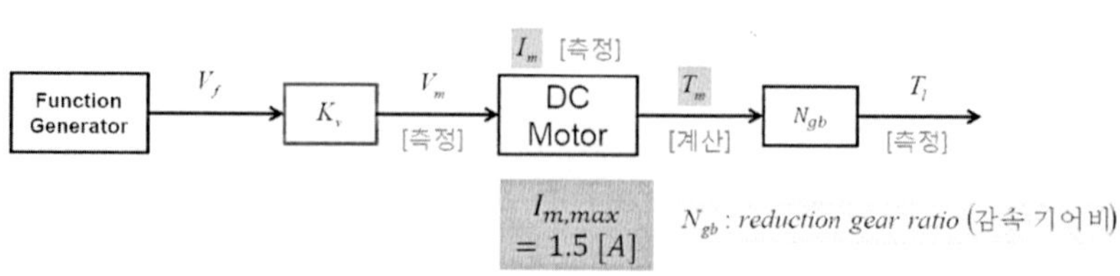

국립 한밭대학교 HANBAT NATIONAL UNIVERSITY

2

DC 모터 실험(2): 결과보고서

▣ 실험 결과를 바탕으로 다음 표를 완성하고 "대표되는 K_T값"을 결정하시오.

Power Supply		Function Generator	Torque Meter	Ammeter
Voltage [V]	Current [A]	Voltage (Vf,[V])	Torque (Tm,[mNm])	Current (Im,[A])
[확인]	[확인]	[확인]	[측정 후 계산]	[측정]
15	0.1~1.2	0.02		
	0.1~1.2	0.04		
	0.1~1.2	0.06		
	0.1~1.2	0.08		

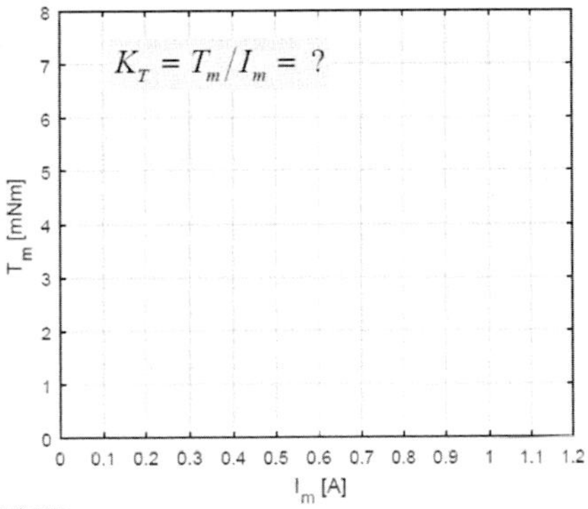

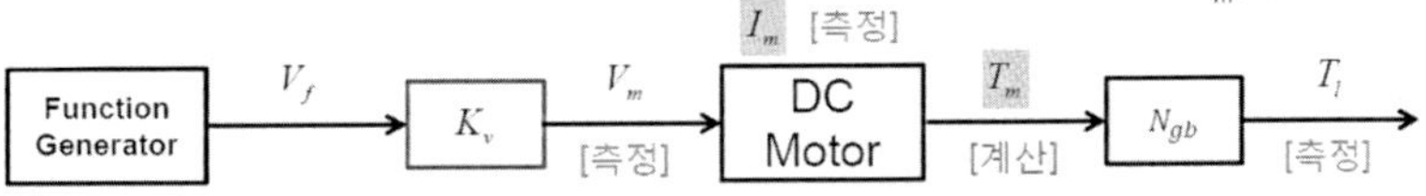

$K_T (= T_m / I_m)$: *motor torque constant* (모터 토크계수)

한밭대학교 HANBAT NATIONAL UNIVERSITY

3

DC 모터 실험(2): 결과보고서

▣ 모터에 연결된 로드를 10Ncm(Tl)으로 회전시키고자 할 때, 실험으로 선정된 K_T값을 이용하여 모터의 인가토크(Tm), 모터의 인가전류(Im)를 구하시오.

K_T [mNm/A]	K_T[Ncm/A]	Tl[Ncm]	Tm[Ncm]	Im[A]
		10		

한밭대학교 HANBAT NATIONAL UNIVERSITY

4

CHAPTER 09

DC 모터 실험(3) - DC 모터의 엔코더 신호 및 속도계수 측정

학 과	기계공학과	교과목	기계공학실험(Ⅰ)	학 년	2	조편성	조
실험실		실험내용	DC 모터 실험(3) - DC 모터의 엔코더 신호 및 속도계수 측정	학 번		성 명	

1 실험 목적

DC 모터의 전압과 회전속도를 각각 전기계측기와 엔코더 (encoder) 센서를 이용하여 직접 측정하고, DC 모터의 회전속도와 DC 모터 속도계수 (motor speed constant)를 계산하여 DC 모터의 속도 응답 특성을 확인한다. 엔코더 (encoder)의 원리와 엔코더 신호 측정 방법을 익히고, DC 모터에 발생하는 토크는 DC 모터에 흐르는 전류에 비례함을 실험적으로 확인한다.

2 실험 개요

① DC 모터는 Maxon 모터 (전기모터-기어박스-엔코드로 구성)를 사용하여 실험한다.

② 함수발생기를 이용하여 DC 전압을 0.4V로 인가하고, 이때 DC 모터에 인가되는 "전압 (volt)"값을 직접 측정한다.

③ DC 모터의 회전속도 (rpm)을 "엔코더 (encoder)"를 이용하여 직접 측정한다.

④ "체배 수 (resolution multiplier)"를 조절 (×1, ×2, ×4)하여 DC 모터의 회전속도 (rpm)를 측정하고, 체배 수에 따라 모터 회전속도를 바르게 측정하는 방법을 확인한다.

⑤ DC 모터에 인가되는 전압 (volt)과 DC 모터의 회전속도 (rpm) 사이의 특성을 나타내는 "모터 속도계수 (motor speed constant)"를 실험적으로 구한다.

3 실험 순서

① "DC Motor–Function Generator–Controller–Encoder–IO Deriver"의 전기선 연결방법을 눈으로 직접 확인

② 함수발생기의 전압 설정 (DC 0Volt)

③ 전원공급기의 전원 켜기 (ON)

④ PC에 설치된 소프트웨어의 Encoder Block에서 파라미터 설정
[Channel: 0 or 1, Resolution Multiplier: ×1 or ×2 or ×4]

⑤ PC에 설치된 소프트웨어의 Gain2의 값을 설정
[1/500 or 1/1000 or 1/2000]

⑥ 함수발생기의 전압 변경(DC 0Volt → DC 0.4Volt)
→ DC Motor 전압 (volt) 측정 → Encoder 회전속도 (rpm) 측정

⑦ 순서 ④ ~ ⑥을 반복하여 실험

4 실험용 DC 모터 및 엔코더

실험용 DC 모터는 Maxon DC 모터이다. Maxon DC 모터의 구조는 그림 9.1과 같이 DC 모터-기어박스-엔코더로 구성되어 있다.

Maxon DC 모터의 사양은 그림 9.2와 같다. 실험에서 사용할 DC 모터는 제품번호가 118740인 것으로, 정격 전압은 4.5V, 정격 전류는 1.5A, 정격속도는 4,910rpm, 정격토크는 11.4mNm, 무부하시의 속도는 5,350rpm, 무부하시의 전류는 79.6mA, 스톨토크는 138mNm, 저항은 0.261Ω, 토크계수는 8mNm/A, 속도계수는 1,190rpm/V이다.

실험에서 사용할 기어박스의 감속비는 20:1, 104: 1, 181:1 등이다. 감속비가 181:1인 경우의 기어박스는 제품번호가 406771인 것으로, 3단의 평기어로 이루어져 있고 연속 최대 토크는 4.5Nm이다.

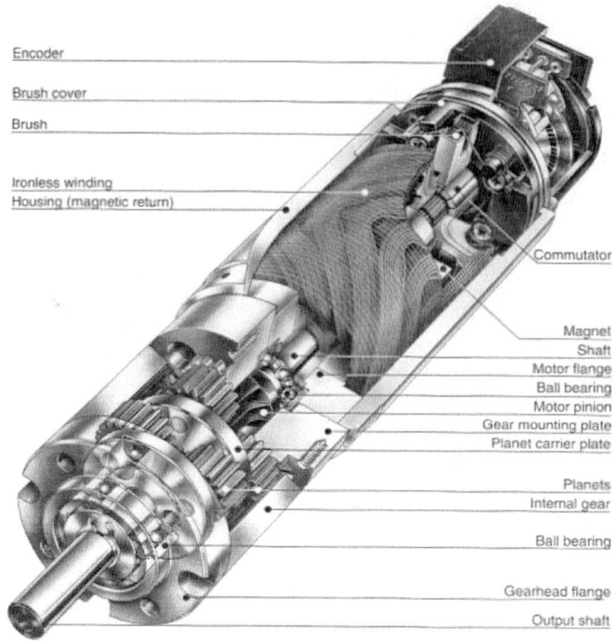

▲ **그림 9.1** Maxon DC 모터의 구조

Maxon DC 모터의 엔코더 (encoder)는 제품번호가 100512인 것으로 Encoder HEDL 5540모델이다. Encoder HEDL 5540은 RS422의 line driver (10 pin)를 사용하는데 이의 사양은 그림 9.2와 같고, 1회전당 카운트 (CPT; Counts Per Turn)는 500개이고 3 채널 (Channel A, Channel B, Channel I)을 사용하고 최대 동작 주파수는100kHz이고 회전속도는 12,000rpm까지 측정이 가능하다.

참고로 이전에는 좀 더 간단한 엔코더 (encoder)를 사용하였다. 그림 9.3은 엔코더 (encoder) 제품번호가 103935인 Encoder Enc 22 모델을 보여준다. Encoder Enc 22는 4 pin의 line driver를 사용하는데 이의 사양은 그림 9.3과 같고, 1회전당 카운트 (CPT; Counts Per Turn)는 100개이고 2 채널 (Channel A, Channel B)을 사용하고 최대 동작 주파수는 20kHz이고 회전속도는 12,000rpm까지 측정이 가능하다.

실험 시에 사용하는 DC 모터에 부착된 엔코더에 따라서 1회전당 카운트 (CPT)를 반드시 확인해야 한다.

Encoder HEDL 5540 500 CPT, 3 Channels, with Line Driver RS 422

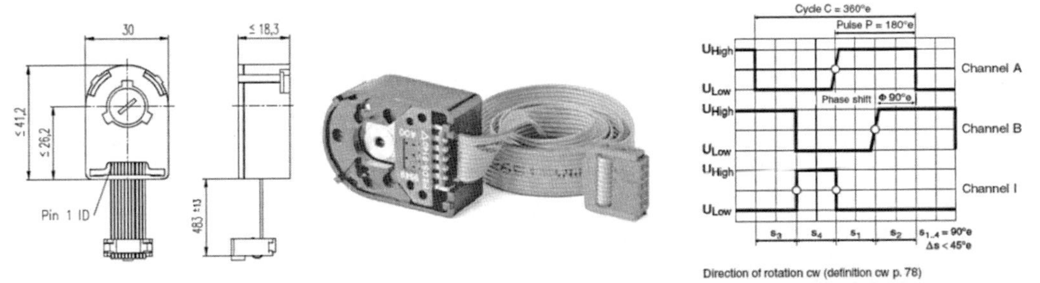

Stock program
Standard program
Special program (on request)

Type	Part Numbers 110512	110514	110516
Counts per turn	500	500	500
Number of channels	3	3	3
Max. operating frequency (kHz)	100	100	100
Max. speed (rpm)	12000	12000	12000
Shaft diameter (mm)	3	4	6

▲ **그림 9.2** Maxon DC 모터의 Encoder HEDL 5540

Encoder Enc 22 100 Counts per turn, 2 Channels

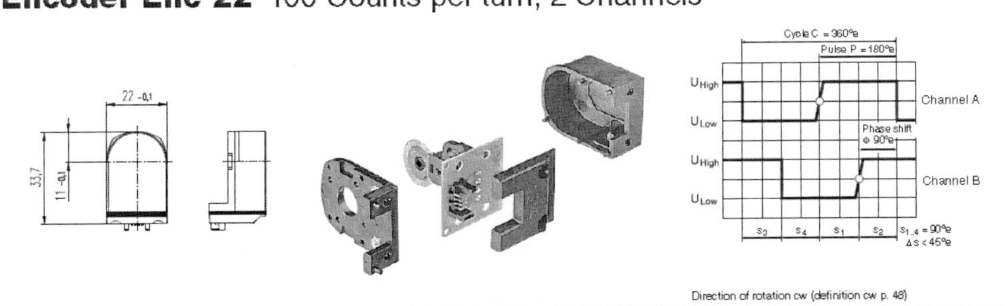

maxon sensor

Stock program
Standard program
Special program (on request)

Type	Order Number 103937	143330	103935	110520	168045	110521
Counts per turn	100	100	100	100	100	100
Number of channels	2	2	2	2	2	2
Max. operating frequency (kHz)	20	20	20	20	20	20
Max. speed (rpm)	12000	12000	12000	12000	12000	12000
Shaft diameter (mm)	2	2	3	2	3	3
Orientation encoder to motor mounting defined		± 5°			± 5°	

▲ **그림 9.3** Maxon DC 모터의 Encoder Enc 22

실험용 Maxon DC 모터의 구동을 위한 제어기 (서보-앰프, servo-amplifier)는 그림 9.4와 같고 4-Q-DC Servo Control LSC 30/2 모델로 제품번호는 250521이다. 제어기 (서보-앰프)의 전기적인 데이터는 공급전압이 12~30V, 최대 출력전압은 25V, 최대 출력전류는 2A, 최대 출력파워는 50W이다. 제어기 (서보-앰프)는 함수발생기나 PC로부터 전압을 입력 받아 전압을 증폭 (실제는 전력증폭)하여 DC 모터에 전압을 공급한다.

maxon motor

maxon motor control	**4-Q-DC Servo Control LSC 30/2**
	Order number 250521
Operating Instructions	**June 2010 Edition**

The LSC 30/2 (**L**inear **S**ervo **C**ontroller) is a linear 4-Q-Servoamplifier used to control DC motors up to approx. 50 W that are powered by permanent magnets.

Electrical data

Supply voltage V_{CC} .... 12 – 30 VDC
Max. output voltage .... 25 V
Max. output current I_{max} .... 2 A
Max. power output .... 50 W
It is advisable to consider mounting on a heat sinking surface if ambient temperature is high and there is a high power loss in the LSC!

▲ **그림 9.4** Maxon DC 모터의 제어기 (서보–앰프)

5 실험 방법

엔코더(encoder)를 이용한 DC 모터의 회전속도 실험 개념도는 그림 9.5와 같다. 앞의 실험에서는 부하(load)의 회전속도를 타코미터(tachometer) 센서를 이용하여 측정하였지만, 이번 실험에서는 DC 모터의 회전속도를 엔코더 센서를 이용하여 직접 측정한다.

N_{gb}는 기어박스의 감속비이다.

K_v는 servo-amplifier voltage gain (서보-앰프 전압게인)으로, $K_v(= V_m / V_f)$값은 실험으로 구한다.

K_s는 motor speed constant (모터의 속도계수)로, K_s $(= S_m / V_m)$값은 실험으로 구한다.

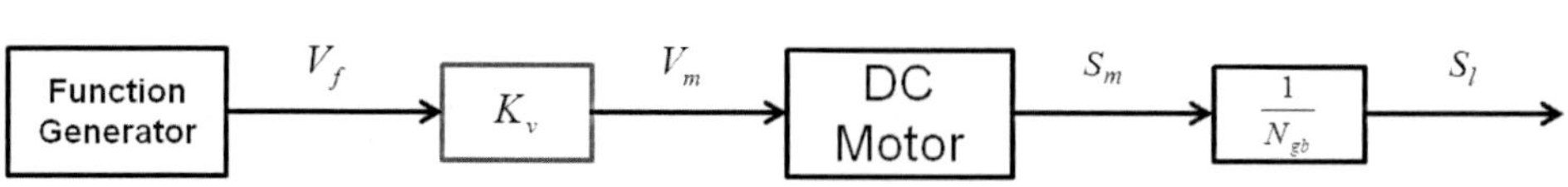

▲ **그림 9.5** DC 모터의 회전속도 실험 개념도

V_f[V]	함수발생기 입력전압
V_m[V]	모터 인가전압
S_m[rpm]	모터 회전속도
S_l[rpm]	부하 (load) 회전속도

Maxon DC 모터를 구동하여 DC 모터의 회전속도를 엔코더 센서를 이용하여 측정하기 위한 실험 방법은 그림 9.6과 같다.

DC 모터를 구동하기 위한 제어기 (서보-앰프)는 16개의 전기단자 (1~16)가 있다. 제어기 (서보-앰프)를 on 시키기 위하여 전원공급기를 이용하여 제어기 (서보-앰프)의 전기단자 3과 4에 연결한다. 12~30V의 DC 전압을 전원공급기를 통하여 제어기에 공급하도록 설정한다. DC 모터를 일정한 속도로 구동하기 위한 기준입력은 함수발생기나 PC를 이용하여 전압을 설정하여 제어기의 전기단자 7과 8에 연결한다. 제어기 (서보-앰프)에 전압이 입력되면 전력이 증폭되어 증폭된 전압이 DC 모터에 공급되는데 제어기 (서보-앰프)의 전기단자 1과 2를 DC 모터와 연결한다.

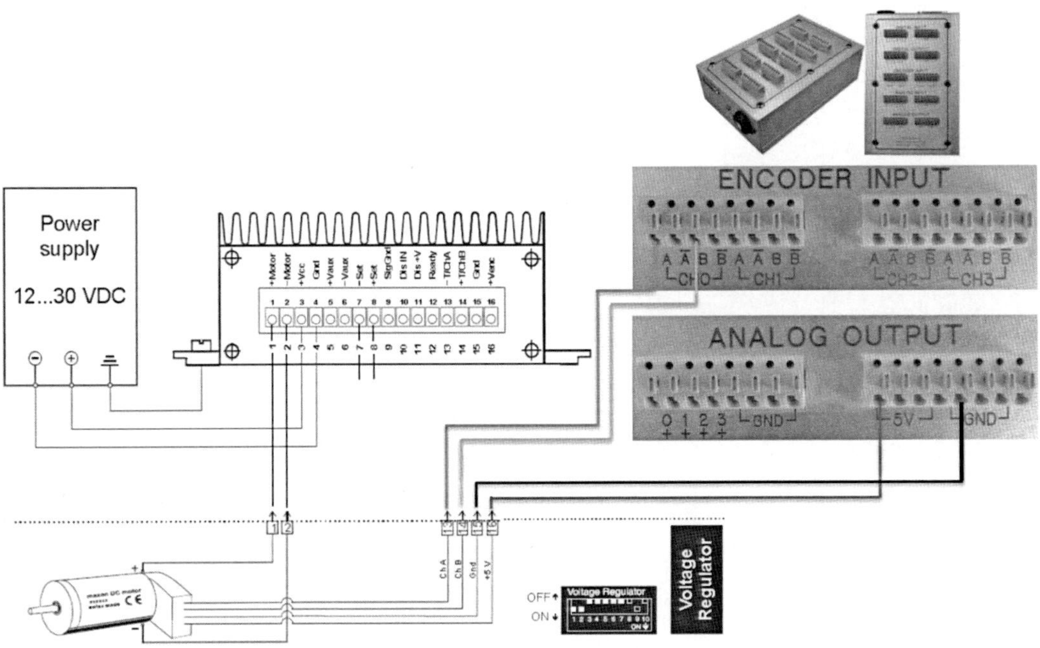

▲ **그림 9.6** 엔코더를 이용한 DC 모터의 회전속도 실험 방법

엔코더 센서는 Encoder Enc 22 모델처럼 기본적으로 네 개의 전기선이 있다. 엔코더 센서는 +5V의 전기파워를 공급하도록 표준화되어 있는데, 네 개의 전기선 중 두 개는 엔코더 센서에 전기파워를 공급 (+5V, Gnd)하기 위한 것이다. 나머지 두 개의 전기선은 엔코더 센서의 출력 (펄스 신호)값으로 일반적으로 2 채널 (ChA, ChB)의 펄스 신호 값을 출력한다.

Encoder HEDL 5540 모델의 경우는 그림 9.7과 같이 RS422의 line driver (10 pin)를 사용하므로 엔코드 전기선의 끝단은 Socket J4를 사용하여 전기선을 연결하도록 되어있다. 10개의 각 Pin 번호에 대한 전기신호는 그림 9.7과 같고, 실험에서는 네 개의 전기선만을 사용한다. 엔코더 센서에 전기파워를 공급 (+5V, Gnd)하기 위하여 Pin 2번과 Pin 3번의 전기선을 사용하면 된다. 엔코더 센서의 출력 (펄스 신호)값을 출력하는 2 채널 (ChA, ChB)은 Pin 6번과 Pin 8번의 전기선을 사용하면 된다.

J4 & Head A Pin	Prefab Cable Color	Head B Pin	Signal	Description
1			Motor (+M)	Motor +M (➔note below)
2			+5 VDC	Encoder supply voltage (+5 VDC; ≤70 mA)
3			GND	Ground
4			Motor (–M)	Motor –M (➔note below)
5			Channel A\	Channel A complement
6			Channel A	Channel A
7			Channel B\	Channel B complement
8			Channel B	Channel B
9			not connected	–
10			not connected	–

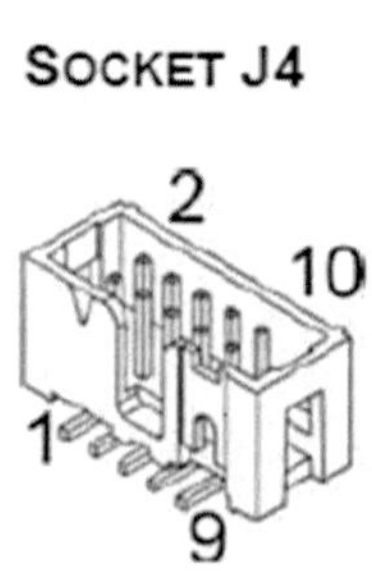

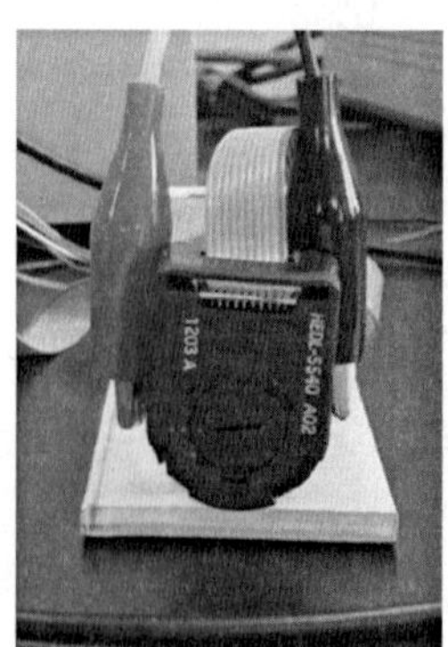

▲ **그림 9.7** Encoder HEDL 5540모델의 전기선과 각 핀의 정보

엔코더의 4개의 전기선은 RealGain USB IO Driver 기기의 엔코더 신호 입력부분 (Encoder Input)과 아날로그 출력부분 (Analog Output)과 연결하여 엔코더의 출력인 펄스 신호가 PC로 전달된다. RealGain USB IO Driver 기기는 입출력 (I/O) 기능을 수행하는 USB 타입의 기기로, 아날로그 신호의 입출력, 디지털 신호의 입출력, 엔코더 신호 입력이 있다. RealGain USB IO Driver 기기의 입출력 (I/O) 기능은 임의의 시스템으로부터 아날로그 (Analog) 신호를 받아서 디지털 (Digital) 신호로 변환시켜 PC로 입력시키고, PC로부터 나오는 디지털 신호를 외부의 시스템으로 아날로그 신호로 변화하여 출력시키는 AD/DA를 포함하여 엔코더 신호 입력 기능을 포함하고 있다.

Encoder Input에는 4개의 채널 (CH0, CH1, CH2, CH3)이 있다. DC 모터 두 개의 엔코더신호를 동시에 받는 경우에는 “실험용 DC 모터 1”은 CH0으로 연결하고 “실험용 DC 모터 2”는 CH1으로 연결하여 실험을 수행한다. 각 Encoder Input 채널에는 4개의 Pin이 있는데, 그 중 엔코더 센서의 출력신호인 두 채널 (ChA, ChB)은 각 Encoder Input 채널에서 A와 B로 연결한다. Analog Output 또한 4개의 엔코더에 전기파워를 공급할 수 있도록 되어 있는데, +5V와 GND를 엔코더의 두 전기선 (+5V, Gnd)에 각각 연결한다.

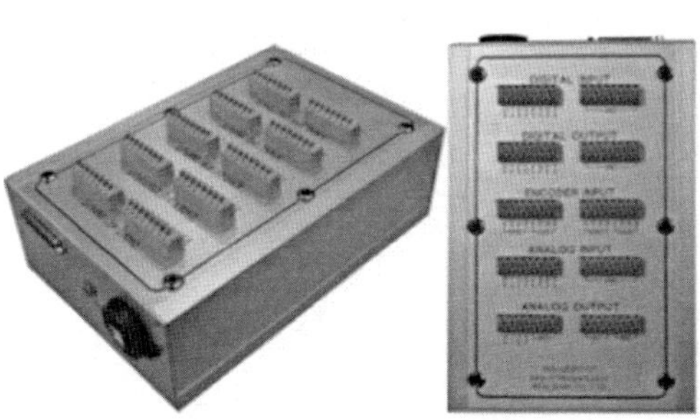

구 분	RG-USBIO-01
Analogue Input	8 ch (12bit)
Analogue Output	2 ch (12bit)
Digital Input	8 ch
Digital Output	8 ch
입력 전압	-10 ~ +10V 내에서 조절가능
출력 전압	0 ~ 5V 내에서 조절가능
Interface	USB 2.0
Encoder Pulse Counter	4 ch

▲ **그림 9.8** RealGain USB IO Driver 기기의 구성

Maxon motor 속도 계산

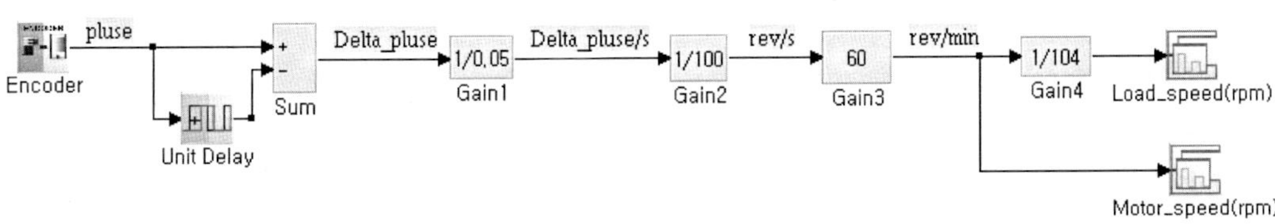

▲ **그림 9.9** 엔코더로부터 DC 모터의 속도를 계산하는 Simtool 프로그램 예

Gain1 : $\dfrac{1}{T_s}$

Gain2 : $\dfrac{1}{CPT \times RM}$

Gain4 : $\dfrac{1}{N_{gb}}$

T_S[s]	샘플링 시간(0.05s)
CPT	1회전당 펄스 수(100, 500)
RM	체배 수(1, 2, 4)
N_{gb}	기어박스의 감속비(20, 104, 181 등)

엔코더 신호를 측정하고 DC 모터의 속도를 계산하기 위해서 PC에서 그림 9.9와 같이 Cemware S/W를 이용하여 Simtool에서 계산 프로그램을 작성해야 한다. 그림 9.9는 CPT는 100이고 감속 기어비 (N_{gb})는 104이고 샘플링 시간 (T_s)은 0.05초에 대한 예를 보여 주고 있다. 그림 9.10과 같이 엔코드 (Encoder) 블록 파라미터를 이용하여 채널 번호 (Channel)와 체배 수 (RM; Resolution Multiplier)를 선정해 주어야 한다. 실험에서 두 개의 DC 모터를 동시에 이용하는 경우, “실험용 DC 모터 1”은 Channel 0으로 “실험용 DC 모터 2”는 Channel 1로 설정한다. 체배수 (RM)은 ×1 (1배수), ×2 (2배수), ×4 (4배수) 중에서 하나를 설정할 수 있다.

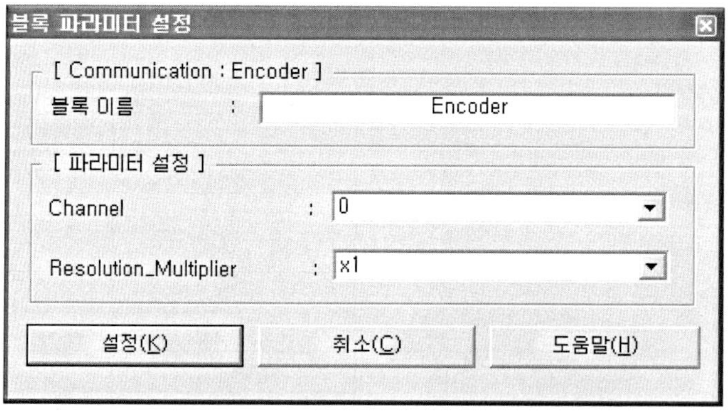

▲ **그림 9.10** Simtool에서 엔코드 (Encoder) 블록 파라미터 설정

그림 9.11은 2 채널 엔코드에서 체배수에 따른 펄스 카운트 방법을 보여 주고 있다. 2 채널 엔코드의 경우 Channel A와 Channel B의 펄스 신호는 90도의 위상차가 있다. 체배수 (RM) ×1 (1배수)을 사용하면 Channel A가 사각파 형태의 펄스 신호 하나를 발생하는 동안 하나의 펄스를 카운트할 수 있다. 체배수 (RM) ×2 (2배수)를 사용하면 Channel A와 Channel B가 사각파 형태의 펄스 신호 하나를 각각 발생하는 동안 두 개의 펄스를 카운트할 수 있다. 그리고 체배수 (RM) ×4 (4배수)를 사용하면 Channel A와 Channel B가 사각파 형태의 펄스 신호 하나를 각각 발생하는 동안 네 개의 펄스를 카운트할 수 있다. 즉 체배수를 크게 할수록 더 정확한 DC 모터의 회전각을 측정할 수 있게 된다.

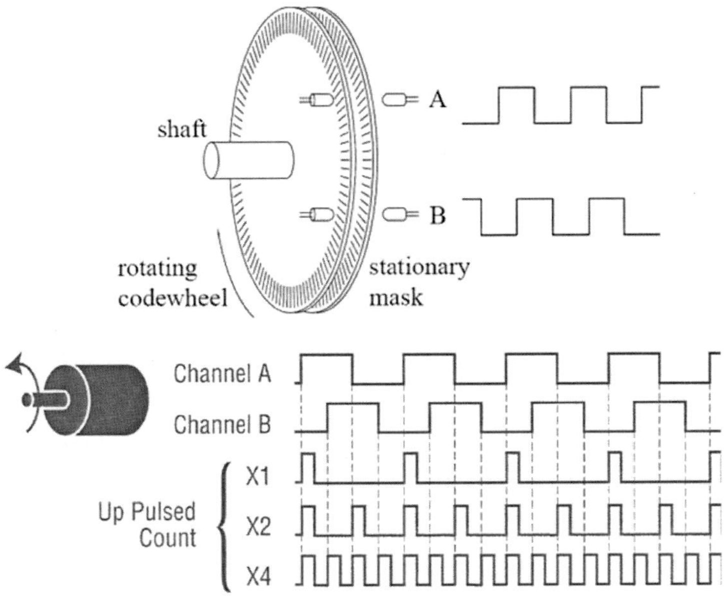

▲ **그림 9.11** 2 채널 엔코드에서 체배수에 따른 펄스 카운트 방법

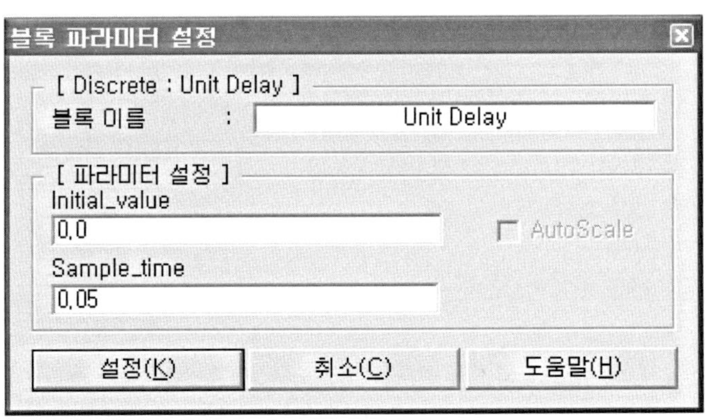

▲ **그림 9.12** Simtool에서 Unit Delay 블록 파라미터 설정

다음으로 DC 모터의 회전각으로부터 회전속도를 계산해야 한다. 실제 엔코드 센서는 회전각을 측정하는 원리를 적용한 것이다. 엔코더 신호로부터 측정된 펄스 (pulse) 카운트수로부터 1회전당 펄스수 (CPT)를 이용하여 회전각을 계산할 수 있다. 회전각을 미분하면 회전속도가 되므로, 샘플링 시간 (T_s) 동안의 측정된 펄스 카운트수의 차 (Delta_pulse)를 샘플링 시간으로 나누면 초당 펄스 카운트수의 차 (Delta_pulse/s)를 구할 수 있다. 펄스 카운트수의 차 (Delta_pulse)를 계산하기 위하여 그림 9.12와 같이 Unit Delay 블록 파라미터를 설정하면 된다. 초기값 (Initial_value)는 0.0으로, 샘플링 시간 (Sample_time)은 0.05 (단위는 초임)로 설정한다. 실험은 초기 과도상태 응답을 값을 측정하는 것이 아니라 정상상태 값을 측정하는

것이므로, 본 실험에서는 샘플링 시간 (T_s)이 0.05초이면 충분하다. 펄스 카운트수의 차 (Delta_pulse)를 샘플링 시간으로 나누기 위하여 Gain1 ($1/T_s$)을 이용하면 초당 펄스 카운트 수의 차 (Delta_pulse/s)를 구할 수 있게 된다.

다음으로 초당 펄스 카운트수의 차 (Delta_pulse/s)로부터 분당 회전속도인 rpm (revolution per minute)를 계산해야 하는데, 이를 위하여 1회전당 펄스 수 (CPT)와 체배수 (RM)를 이용한다. 초당 펄스 카운트수의 차 (Delta_pulse/s)로부터 Gain2 (1/(CPT*RM))를 곱하면 초당 회전속도인 rps (revolution per second)를 구할 수 있고, 이를 다시 60 (Gain3)을 곱하면 DC 모터의 분당 회전속도인 rpm을 구할 수 있다. 1회전당 펄스 수 (CPT)와 체배수 (RM)가 클수록 펄스 카운트수가 많아지게 되므로, Gain2에서 이들의 값을 각각 나누어 주어야 DC 모터의 회전속도 정보를 정확히 계산할 수 있다. DC 모터의 회전속도를 기어박스의 감속비 (N_{gb})로 나누면 (Gain4 = $1/N_{gb}$를 곱하면) 부하축의 회전속도를 계산할 수 있다. 실험에 사용된 기어박스의 감속비 값은 100이고, 엔코더의 1회전당 카운트 (CPT)는 100 또는 500이므로 실험하는 DC 모터에 따라 이의 값을 확인해야 한다. 그림 9.13은 10초 동안 측정된 DC 모터 및 부하의 회전속도에 대한 예를 보여주고 있다.

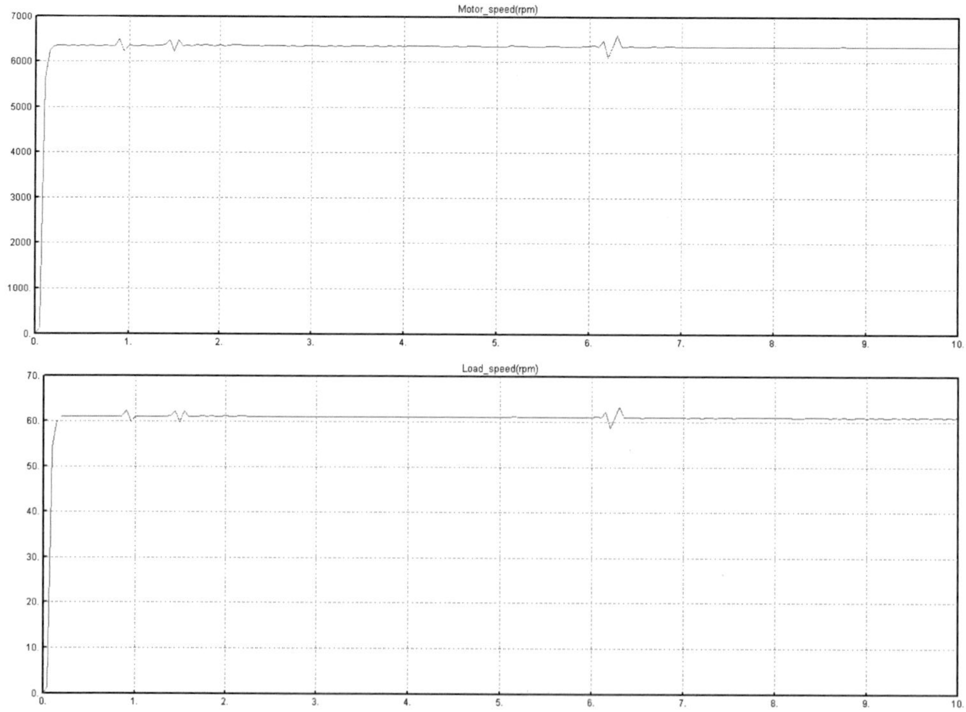

▲ **그림 9.13** 측정된 DC 모터 및 부하의 회전속도 예

6 실험 결과 보고서

DC 모터의 엔코더 신호 및 속도계수 측정 실험에 대한 실험결과를 다음의 실험결과 보고서에 따라서 작성하고 실험결과를 분석 및 토의한다.

DC 모터 실험(3):
DC 모터의 엔코더 신호 및 속도계수 측정

→ 모터의 전압, 엔코드 신호 측정
→ 모터 회전속도, 모터 속도계수 측정

날짜	분반	학번	이름

한밭대학교 HANBAT NATIONAL UNIVERSITY

1

DC 모터 실험(3): 결과보고서

▣ 실험 시에 모터의 전선, 엔코더의 전선, 함수발생기의 전선을 실제 어떻게 연결했는지를 표시하시오.
(엔코더를 USB I/O 드라이버에 연결 시에
Encoder Input의 채널은 Ch0/Ch1/Ch2/Ch3 중 직접 실험한 모터와 채널을 선택)

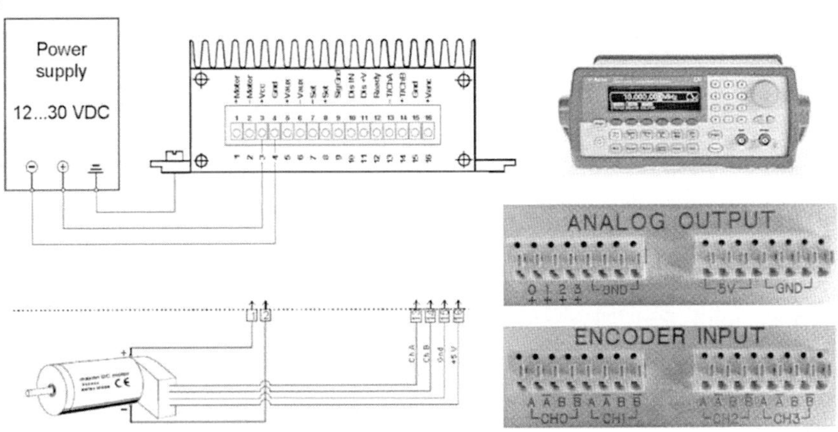

한밭대학교 HANBAT NATIONAL UNIVERSITY

2

DC 모터 실험(3): 결과보고서

▣ Gain2에서 "CPT=500, RM=1"로 두고, "Encoder Block의 체배 수(RM)"를 조절하여 모터 속도(Sl)를 측정

Power Supplier		Function Generator	Encoder Block	DC Motor		
Voltage [V] [확인]	Current [A] [확인]	Voltage (Vf,[V]) [확인]	체배 수(RM) Resolution Multiplier [조절]	Speed(Sl) (Sm,[rpm]) [측정]	Voltage (Vm,[V]) [측정]	Ks (Sm/Vm) [rpm/V] [계산]
15	0.1~0.15	0.4	1			
	0.1~0.15		2			
	0.1~0.15		4			

▣ 측정된 모터 속도 중 올바르게 측정한 것은 어떤 경우이고, 올바르게 측정한 경우에 대하여 "모터 속도계수(Ks)"를 계산하시오. 또한 "Encoder Block의 체배 수(RM)"에 따라 모터 속도 값이 크거나 작게 나온 이유를 설명하시오.

한밭대학교 HANBAT NATIONAL UNIVERSITY

3

DC 모터 실험(3): 결과보고서

▣ "Encoder Block의 체배 수(RM)=4"로 두고, Gain2에서 CPT=500으로 두고 "체배 수(RM)를 조절"하여 모터 속도(Sm)를 측정

Power supply		Function Generator	Gain2 1/(CPT*RM)	Motor		
Voltage [V] [확인]	Current [A] [확인]	Voltage (Vf,[V]) [확인]	체배 수(RM) Resolution Multiplier [조절]	Speed (Sm,[rpm]) [측정]	Voltage (Vm,[V]) [측정]	Ks (Sm/Vm) [rpm/V] [계산]
15	0.1~0.15	0.4	1			
	0.1~0.15		2			
	0.1~0.15		4			

▣ 측정된 모터 속도 중 올바르게 측정한 것은 어떤 경우이고, 올바르게 측정한 경우에 대하여 "모터 속도계수(Ks)"를 계산하시오. 또한 "Gain2의 체배 수(RM)"에 따라 모터 속도 값이 크거나 작게 나온 이유를 설명하시오.

한밭대학교 HANBAT NATIONAL UNIVERSITY

4

CHAPTER

10

진자 카트 시스템 제어

(Control of a pendulum-cart system)

학 과	기계공학과	교과목	기계공학실험(Ⅰ)	학 년	2	조편성	조
실험실		실험내용	진자 카트 시스템 제어 (Control of a pendulum-cart system)	학 번		성 명	

10.1 실험목적

이 실험에서는 진자와 모바일 로봇으로 구성된 진자 카트 시스템을 수학적으로 모델링하고 진자의 운동을 빠르게 감쇠시키는 제어기를 설계한다. 그리고 시뮬레이션을 통해 설계한 제어기를 확인한다.

1 실험절차

이번 실험의 절차는 다음과 같다.

① 자유 물체도 이해

② 운동 방정식 유도

③ 상태 방정식 찾기

④ PD제어기 설계

⑤ 시뮬레이션 (Labview 프로그램 이용)

⑥ 보고서 제출

2 이론 및 실험 진행

(a) 진자 카트 시스템

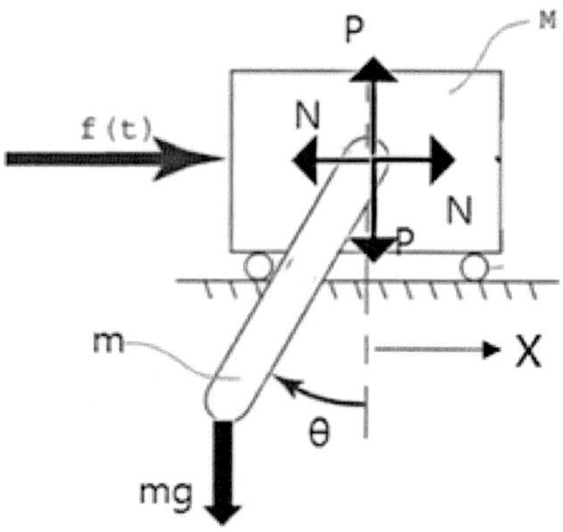

(b) 자유물체도

▲ **그림 10.1** 진자 카트 시스템 자유 물체도

10.2 자유 물체도 이해

그림 10.1은 실제 진자 카트 시스템과 자유물체도이다. 그리고 표 10.1은 진자 카트의 파라미터를 보여준다.

▼ **표 10.1** 진자 카트 파라미터

변수	설명	단위
M	Mass of the cart	kg
m	Mass of the pendulum	kg
b	Coefficient of friction for pendulum	
l	Half-length of pendulum	m
I	Mass moment of inertia of the pendulum	$Kg*m^2$
F	Force applied to the cart	N
X	Cart position coordinate	m
θ	Pendulum angle from vertical	Rad
g	Gravity	$9.81\ m/s^2$

10.3 운동방정식 유도

카트의 수평방향의 힘을 합산하면 아래 식과 같다.

$$M\ddot{x} + N = F \tag{1}$$

진자 변위 (x_p)는 카트의 이동변위 (x)와 진자의 회전에 의한 변위를 더한 값과 같다.

즉, $x_p = x + lsin\theta$와 같은 식이 나온다.

진자에 대한 수평방향의 힘을 정리한다. 그러면 다음과 같은 (2)식를 얻는다.

$$N = m\frac{d^2x_p}{dt^2} = m\frac{d^2}{dt^2}(x + \sin\theta) \tag{2}$$

마찬가지로 진자의 모멘트 운동의 힘을 정리하면 식 (3)을 얻을 수 있다.

$$\begin{aligned} &\sum M = J\ddot{\theta}\,,\ J = ml^2 \\ &ml^2\ddot{\theta} = m\ddot{x}lcos\theta - mglsin\theta - b\dot{\theta} \end{aligned} \tag{3}$$

식 (1)과 식 (2)로부터 N을 제거하여 정리하면 식 (4)를 얻을 수 있다

$$F = m\ddot{x} + \frac{d^2}{dt^2}(x + lsin\theta) \tag{4}$$

이 제어 설계기법은 선형시스템에만 적용이 되기 때문에 방정식을 선형화할 필요가 있다.

수직 하향 평형위치를 선형화하면 $\theta = 0$, 그리고 이 시스템은 작은 구간에서 유지된다고 가정한다.

수직 하향 평형위치가 20°를 넘지 않으면 이 가정은 상당히 합리적이다. θ는 수평에서 pendulum의 위치에 대한 편차라고 하자.

우리는 평형으로부터 이 작은 편차를 식 (3), 식 (4)에 적용할 수 있다. 다음 아래 식과 같다.

$$\begin{aligned} \cos\theta &\approx 1 \\ \sin\theta &\approx \theta \end{aligned}$$

다음으로 비선형 방정식에 위의 식을 넣으면 두 개의 선형방정식을 이용하여 가속도와 각 가속도를 구할 수 있다

$$F = M\ddot{x} + m\ddot{x} + ml\ddot{\theta} = (M+m)\ddot{x} + ml\ddot{\theta} \tag{5}$$

$$ml^2\ddot{\theta} = m\ddot{x}l - mgl\theta - b\dot{\theta} \tag{6}$$

가속도를 구하기 위해서 식 (6)을 l로 나눈 후 식 (5)에 대입한 값을 이용해 구할 수 있다.
식 (6)을 l로 나눈 값은 아래의 식과 같다.

$$ml\ddot{\theta} = m\ddot{x} - mg\theta - \frac{b\dot{\theta}}{l}$$

위에 식 $ml\ddot{\theta}$ 를 식 (5)에 대입을 하면, 카트의 가속도($\ddot{x}$)에 대한 운동 방정식 (7)이 나온다.

$$\begin{aligned} &F = (M = m)\ddot{x} + m\ddot{x} - mg\theta - \frac{b\dot{\theta}}{l} = (M+2m)\ddot{x} - mg\theta - \frac{b\dot{\theta}}{l} \\ &\rightarrow (M+2m)\ddot{x} = mg\theta + \frac{b\dot{\theta}}{l} + F \\ &\rightarrow \ddot{x} = \frac{mg}{M+m}\theta + \frac{b}{l(M+2m)}\dot{\theta} + \frac{1}{M+2m}F \end{aligned} \tag{7}$$

각 가속도는 식 (5)의 $\ddot{x}$를 식 (6)에 대입하여 구할 수 있다. 식 (5)를 $\ddot{x}$로 정리하면 아래와 같다.

$$\ddot{x} = \frac{F - l\ddot{\theta}m}{M+m}$$

위의 식을 식 (6)에 대입하면, 진자의 각가속도($\ddot{\theta}$)에 대한 운동방정식 (8)이 나온다.

$$\begin{aligned} &ml^2\ddot{\theta} = ml\left(\frac{F - ml\ddot{\theta}}{M+m}\right) - mgl - b\dot{\theta} = \frac{mlF}{M+2m} - \frac{(M+m)(mgl)}{M+2m} - \frac{(b\dot{\theta})(M+m)}{M+2m} \\ &\rightarrow \ddot{\theta} = -\frac{g}{l}\left(\frac{M+m}{M+2m}\right)\theta - \frac{b}{ml^2}\left(\frac{M+m}{M+2m}\right)\dot{\theta} + \frac{1}{l(M+2m)}F \end{aligned} \tag{8}$$

10.4 상태방정식 (state-space)

일반적인 상태방정식은 아래 식(9)와 같다.

$$\begin{aligned}\dot{X} &= AX + Bu \\ Y &= CX + Du\end{aligned} \quad 여기서,\ X = \begin{bmatrix} x \\ \dot{x} \\ \phi \\ \dot{\phi} \end{bmatrix},\ Y = \begin{bmatrix} x \\ \phi \end{bmatrix},\ u = [F] \tag{9}$$

여기서 X, Y, U는 벡터이고 A, B, C, D는 행렬이다.

미분방정식이 연속적이라면 이 운동신형방정식들은 state-place로 대체가 가능하다. 위 방정식들은 선형이기 때문에 아래와 같은 표준행렬로 나타낼 수 있다. 여기서 u는 입력값 (F)이다. 운동방정식(7), (8)을 상태방정식 (State-space)형태 (9)로 표현하면 다음과 같다.

$$\begin{bmatrix} \dot{x} \\ \ddot{x} \\ \dot{\theta} \\ \ddot{\theta} \end{bmatrix} = \begin{bmatrix} 0 & 0 & 0 & 1 \\ \dfrac{mg}{M+2m} & \dfrac{b}{l(M+2m)} & 0 & 0 \\ 0 & 1 & 0 & 0 \\ \dfrac{-g}{l}\left(\dfrac{M+m}{M+2m}\right) & \dfrac{-b}{ml^2}\left(\dfrac{M+m}{M+2m}\right) & 0 & 0 \end{bmatrix} \begin{bmatrix} x \\ \dot{x} \\ \theta \\ \dot{\theta} \end{bmatrix} + \begin{bmatrix} 0 \\ \dfrac{1}{M+2m} \\ 0 \\ \dfrac{1}{l(M+m)} \end{bmatrix} u \tag{10}$$

$$Y = \begin{bmatrix} 1 & 0 & 0 & 0 \\ 0 & 0 & 1 & 0 \end{bmatrix} \begin{bmatrix} x \\ \dot{x} \\ \theta \\ \dot{\theta} \end{bmatrix}$$

10.5 제어기 설계하기

식 (9) 또는 식 (10)에서 입력값 (제어기) u에 식 (11)를 대입한다. 식 (11)에서 K는 제어상수이며 제어상수에 따라 시스템의 안정성이 좌우된다. 변수 K는 식 (12)과 같다.

$$u = -KX = -(k_{p1}x + k_{d1}\dot{x} + k_{p2}\theta + k_{d2}\dot{\theta}) \tag{11}$$

$$K = \begin{bmatrix} k_{p1} \\ k_{d1} \\ k_{p2} \\ k_{d2} \end{bmatrix} \tag{12}$$

여기서 k_{p1}, k_{d1}은 각각 진자의 각도와 각속도에 대한 제어상수이며, k_{p2}, k_{d2}는 각각 카트의 위치와 속도에 대한 제어상수이다. 식 (10)의 상태방정식에 식 (11)를 대입하여 정리하면 상태방정식 (10)은 식 (13)과 같다.

$$\dot{X} = (A - BK)X \tag{13}$$

식 (13)에서 $(A-BK)$가 negative definite이면 시스템은 안정하다. 다시 말해 제어상수 K를 사용하였을 때 진자가 쓰러지지 않고 안정하게 서있는다. $(A-BK)$가 negative definite인지 확인하는 방법은 $(A-BK)$의 eigen value를 구하여 이 값이 모두 음수이면 $(A-BK)$은 negative definite이다. 3×3행렬부터는 eigen value (고유값)를 손으로 구하기 어려우므로 컴퓨터를 이용하여 계산한다.

eigen value는 시스템의 안정성 및 수렴속도와 관련 있다. Eigen value의 절대값이 클수록 시스템이 빨리 안정화된다. 만약 Eigen value가복소수이면 시스템에 진동이 발생한다.

(Root locus 상에서의 pole, zero 위치와 시스템응답과의 관계 참조; 자세한 점은 시스템 제어 서적 참조)

(eigen value 구하는 방식은 $AX = \lambda X \rightarrow \lambda I - A = 0$을 만족하는 λ값을 구하는 것)

10.6 시뮬레이션

진자 카트 시스템 시뮬레이션은 랩뷰 (Labview)프로그램으로 진행한다. LabVIEW는 테스트, 컨트롤 및 측정 어플리케이션을 개발하는 엔지니어와 과학자들을 위해 National Instrument사에서 제작한 그래픽 기반 프로그래밍 언어이다. 이 실험에서는 진자 카트 시스템 시뮬레이션을 위해 다음의 파일을 활용한다 (파일 위치 : 바탕화면> "pendulum control Labview application" 폴더).

참고로 시뮬레이션 설치 화일은 http://robot.hanbat.ac.kr/index.php/lecture/mech-lab/에서 다운로드 받을 수 있다.

1. "pendulum Application.exe" : 시뮬레이션 진행
2. "Controller design from state space Application.exe" : 제어기 설계

1 "pendulum Application.exe" 파일

pendulum Application파일을 실행하면 아래의 창이 뜨며 각 요소에 대한 설명은 그림 10.2와 같다.

1. "**<u>시스템 변수 입력창</u>**"에 진자 카트의 변수를 입력한다. 각 변수 값들은 다음의 범위 내에서 선정한다.

진자의무게(kg)	진자중심까지거리(m)	마찰계수(N/m/s)	카트무게(kg)
0.1~2	0.1~1	0.1~1	0.1~5

진자의 관성 모멘트는 진자의 끝 점에 대한 막대기의 관성 모멘트 식 (14)로부터 구한다.

$$I_{end} = \frac{1}{3}ml^2 \tag{14}$$

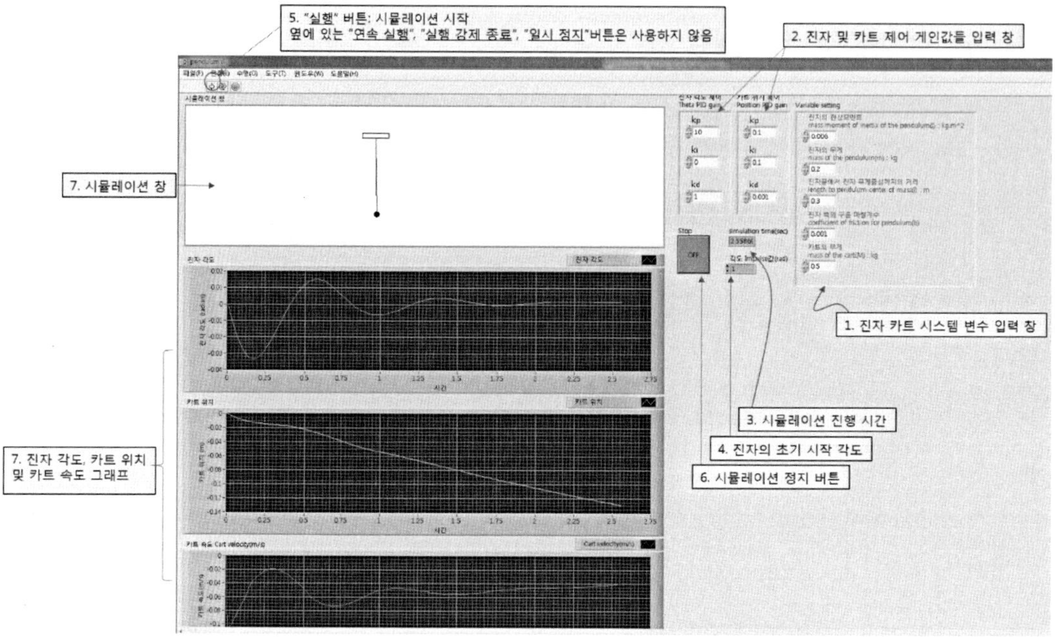

▲ **그림 10.2** Pendulum Application진자 카트 시뮬레이션 창

여기서 선정한 변수들과 식 (9)로부터 진자 카트 시스템의 상태방정식을 구할 수 있다.

2. "<u>**진자 및 카트 제어 게인 입력 창**</u>"에는 진자의 각도와 카트 위치를 제어하기 위한 제어 상수를 입력한다. 이 제어 상수의 설계 여부에 따라 시스템의 안정성이 좌우된다. 제어 상수를 설계하기 위해 "Controller design from state space Application"파일을 사용하자.

3. "<u>**시뮬레이션 진행 시간**</u>"인디케이터는 시뮬레이션이 진행된 시간을 보여준다. 시뮬레이션의 진행 시간은 60초이다.

4. "<u>**진자의 초기 시작 각도**</u>"는 시뮬레이션이 시작할 때 진자가 기울어져있는 각도이다. 이 값이 0이면 시뮬레이션이 진행되지 않으므로 0.1~1 범위내에서 선정한다.

5. "<u>**실행 버튼**</u>"은 시뮬레이션에 필요한 변수들과 제어상수를 모두 입력한 후 시뮬레이션을 실행하고자 할 때 클릭한다.

6. "**시뮬레이션 정지 버튼**"은 시뮬레이션이 진행 중에 끝내고 싶을 때 누르면 된다. 이 버튼을 누르지 않아도 시뮬레이션이 시작되고 60초가 지나면 (여기서 60초는 실제 시간이 아닌 시뮬레이션상의 60초) 자동으로 시뮬레이션은 끝난다.

7. "**시뮬레이션 창**"은 진자 카트의 움직임을 보여준다. "**진자 각도, 카트 위치, 카트 속도 그래프**"는 진자의 각도와 카트의 움직인 거리 및 카트의 속도 변화를 보여준다.

2 "Controller design from state space Application.exe" 파일

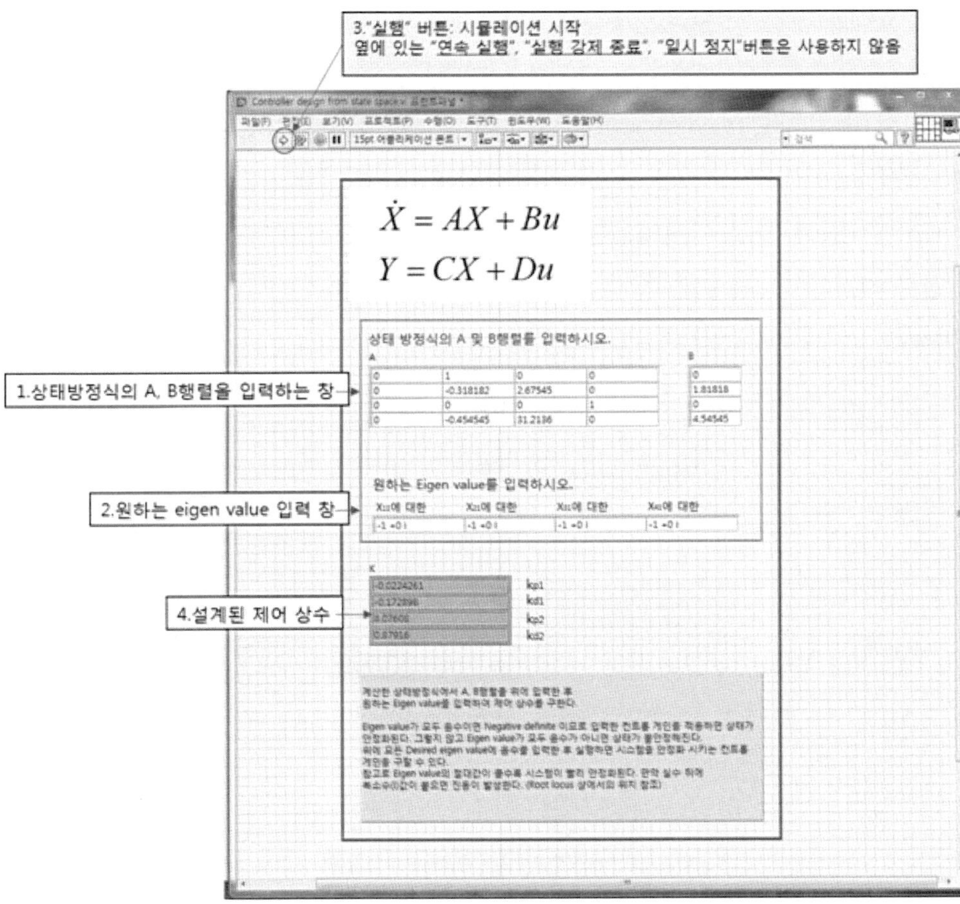

▲ **그림 10.3** Controller design from state space Application창

Controller design from state space Application파일을 실행하면 다음 (그림 10.3)과 같은 창이 뜬다.

1. “**상태방정식의 A, B행렬을 입력하는 창**”에 위에서 선정한 변수들과 식 (9)를 이용하여 구한 상태방정식의 A, B행렬을 입력한다.

2. “**원하는 eigen value 입력 창**”에 원하는 eigen value를 입력한다. 모든 eigen value의 실수가 음수여야 시스템이 안정화된다. 각각의 eigen value는 상태방정식의 X행렬의 원소들과 관련이 있다. 즉 X_{11}에 대한 Eigen value는 카트의 위치 (x), X_{21}에 대한 Eigen value는 카트의 속도 (x'), X_{31}에 대한 Eigen value는 진자의 각도 (θ), X_{41}에 대한 Eigen value는 진자의 각속도 (θ')에 대한 것이다.

   Eigen value의 절대값이 커질수록 관련된 X행렬의 원소는 빨리 안정화된다. 즉 원하는 값으로 빨리 수렴한다. 예를 들어, X_{31}원소와 관련된 eigen value의 절대값이 커지면 X_{31}원소 즉 진자의 각도 (θ)는 다른 원소들에 비해 빨리 안정화된다.

   만약 Eigen value를 실수가 아닌 복소수로 입력하면 시스템에 진동이 생긴다. 아래는 eigen value의 실수와 복소수 형태의 예시이다. 복소수로 입력할 때는 켤레복소수로 입력해야 한다. 다시 말해 음수 (−)와 양수 (+)부호가 짝이 맞도록 입력해야 한다.

   참고 Eigen value에 대한 더 자세한 내용은 공업수학책이나 인터넷 자료 참조

예제 1 Eigen value값이 실수인 경우 입력방법

원하는 Eigen value를 입력하시오.

X11에 대한	X21에 대한	X31에 대한	X41에 대한
-1 +0 i	-1 +0 i	-1 +0 i	-1 +0 i

예제 2 Eigen value 값이 복소수인 경우 입력방법

원하는 Eigen value를 입력하시오.

X11에 대한	X21에 대한	X31에 대한	X41에 대한
-1 -10 i	-1 +10 i	-1 -10 i	-1 +10 i

3. “**실행 버튼**”은 상태방정식의 A, B행렬과 Eigen value까지 모두 입력한 후 클릭하여 프로그램을 실행한다.

4. "설계된 제어 상수 창"에 설계된 제어 상수들이 출력된다. 이 제어 상수들을 시뮬레이션 창 (그림 10.2 "Pendulum Application.exe"진자 카트 시뮬레이션 창)의 "진자 및 카트 제어 게인값들 입력 창"에 입력한 후 시뮬레이션 창의 "실행 버튼"을 클릭하여 시뮬레이션을 실행한다.

마지막으로 시뮬레이션을 수행하고 보고서를 제출한다.

참조 자료

http://ctms.engin.umich.edu/CTMS/index.php?example=InvertedPendulum&section=SystemModeling

실험 보고서

실험일자	년 월 일	학번	
반/팀		성명	

1 시뮬레이션을 위해 선정한 파라미터를 기입하시오.

카트 무게 M (kg)	진자 무게 m (kg)	진자 마찰계수 b	진자의 길이 l (m)	초기 진자 각도 θ (rad)

2 위 물리변수와 식 (10)으로부터 구한 진자 제어용 카트 시스템의 상태방정식을 구하시오.

3 LabVIEW 프로그램을 이용하여 제어 상수 (k_p, k_d) 또는 Eigen value값을 변화시키며 진자와 카트의 움직임을 관찰하고 아래 표를 작성하시오. (Hint k_p, k_d값의 작은 변화는 제어 결과의 차이가 미비하므로 값을 크게 변화시키며 실험을 진행할 것. 아래에서 진자의 정지시간은 진자의 각도 변화가 거의 0에 가까워졌을 때의 시간, 그림 10.4 참조. 운동 횟수는 θ값의 부호 변화를 확인하라(그림 10.4 참조). 카트의 최대 이동거리는 초기위치에서 가장 멀리 떨어졌을 때의 값 고려)

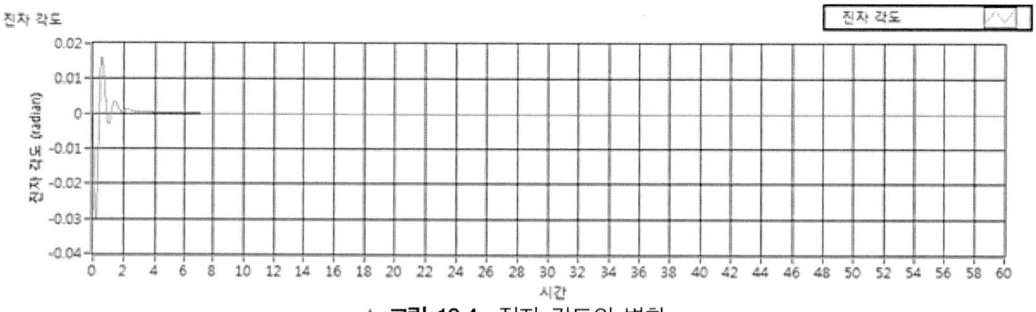

▲ **그림 10.4** 진자 각도의 변화

예를 들어 진자 각도의 움직임이 그림 10.4와 같다면, 진자의 정지시간은 대략 4초, 진자의 운동횟수는 약 2회이다.

<table>
<tr><th></th><th colspan="4">k_p, k_d값</th><th>진자
정지시간(s)</th><th>진자
운동횟수</th><th>카트 최대이동거리(m) 및
최대속도</th></tr>
<tr><td rowspan="3">1차</td><td>k_{p1}</td><td></td><td>k_{d1}</td><td></td><td rowspan="2"></td><td rowspan="2"></td><td rowspan="2"></td></tr>
<tr><td>k_{p2}</td><td></td><td>k_{d2}</td><td></td></tr>
<tr><td colspan="7">Eigen values =</td></tr>
<tr><td rowspan="3">2차</td><td>k_{p1}</td><td></td><td>k_{d1}</td><td></td><td rowspan="2"></td><td rowspan="2"></td><td rowspan="2"></td></tr>
<tr><td>k_{p2}</td><td></td><td>k_{d2}</td><td></td></tr>
<tr><td colspan="7">Eigen values =</td></tr>
<tr><td rowspan="3">3차</td><td>k_{p1}</td><td></td><td>k_{d1}</td><td></td><td rowspan="2"></td><td rowspan="2"></td><td rowspan="2"></td></tr>
<tr><td>k_{p2}</td><td></td><td>k_{d2}</td><td></td></tr>
<tr><td colspan="7">Eigen values =</td></tr>
</table>

4 각 실험에서 제어 상수의 변화에 따라 진자 정지시간, 왕복 횟수, 카트 이동거리 및 속도가 어떻게 변하는지 설명하라.

5 1~3차 실험에서 가장 느린 카트의 최대 속도를 A라하자. 모터의 물리적 한계로 카트의 최대 속도가 A의 절반밖에 날 수 없다면, 최대 속도가 절반이 되게 하는 제어상수를 다시 설계하고 그 때의 진자 정지시간, 왕복 횟수, 카트 이동거리 및 속도를 적어라. (Hint Eigen value를 증가시키면 카트 속도가 느려짐)

CHAPTER

11

역진자 카트 시스템 제어

(Control of an inverted pendulum-cart system)

학 과	기계공학과	교과목	기계공학실험(Ⅰ)	학 년	2	조편성	조
실험실		실험내용	진역진자 카트 시스템 제어 (Control of an inverted pendulum–cart system)	학 번		성 명	

11.1 실험목적

이 실험에서는 아래 그림과 같이 진자 (pendulum) 역할을 하는 바 (bar)와 모바일 로봇 (mobile robot)으로 구성된 역진자 카트 (inverted pendulum–cart) 시스템을 수학적으로 모델링하고 역진자 상태를 유지시킬 수 있는 제어기를 설계한다. 그리고 시뮬레이션을 통하여 설계한 제어기를 확인한다. 참고로 역진자 카트를 제어하지 않는 경우는 그림 11.1 (a–b)와 같이 진자를 잡아 주지 않으면 쓰러진다. 하지만 모바일 로봇을 적절히 제어하면 그림 11.1 (c)와 같이 역진자 상태를 안정적으로 유지할 수 있다.

(a) 제어하지 않는 경우 (b) 제어하지 않는 경우 (역진자 쓰러짐) (c) 제어하는 경우

▲ **그림 11.1** 역진자 카트 시스템 (Inverted pendulum–cart system)

1 실험 절차

이번 실험의 절차는 다음과 같다.

① 자유 물체도 이해

② 운동 방정식 찾기/유도

③ 전달 함수 찾기

④ 상태 방정식 찾기

⑤ PD제어기 설계

⑥ 시뮬레이션 (Labview 프로그램 이용)

⑦ 보고서 제출

2 이론 및 실험 진행

1) 자유물체도

*변수

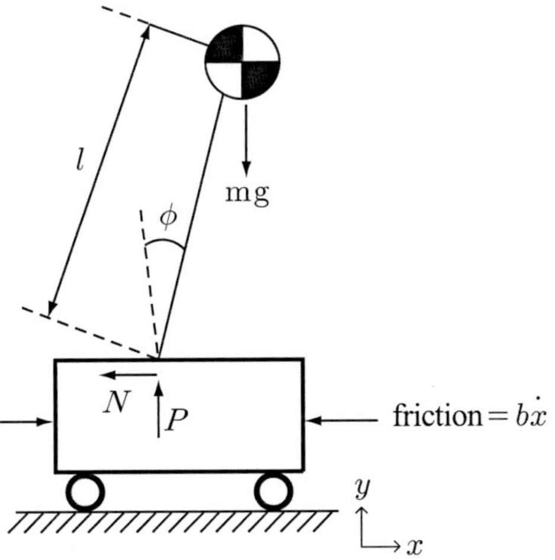

▲ **그림 11.2** 역진자 카트 시스템 자유 물체도 (Free-body diagram of an inverted pendulum-cart system)

변수	설명	단위
M	Mass of the cart	kg
m	Mass of the pendulum	kg
b	Friction coefficient for the cart	N/m/s
l	Distance from the axis of rotation to the pendulum mass center	m
I	Mass moment of inertia of the pendulum with respect to the axis of rotation	kg m^2
F	Force applied to the cart	
x	Cart position coordinate	
ϕ	Pendulum angle measured from the vertical axis	

2) 운동방정식

수평방향의 힘을 합산하면 아래 식 (1)과 같다.

$$M\ddot{x}+b\dot{x}+N=F \tag{1}$$

수평방향에 대한 자유물체도도의 반력 N을 계산하면 식 (2)가 된다

$$N=m\ddot{x}+ml\ddot{\phi}sin\phi-ml\dot{\phi}^2cos\phi \tag{2}$$

식 (1)에 식 (2)를 넣으면 다음과 같은 첫 번째 지배방적식을 얻는다.

$$(M+m)\ddot{x}+b\dot{x}+ml\ddot{\phi}sin\phi-ml\dot{\phi}^2cos\phi=F \tag{3}$$

pendulum에 대한 수직방향의 힘을 요약한다. 그러면 다음과 같은 식 (4)를 얻는다.

$$Pcos\phi+Nsin\phi-mgcos\phi=ml\ddot{\phi}+m\ddot{x}sin\phi \tag{4}$$

P와 N을 제거하기 위해 정리하면

$$-Plcos\phi-Nlsin\phi=I\ddot{\phi} \tag{5}$$

식 (4)와 식 (5)를 더하면 두 번째 지배방정식을 구할 수 있다.

$$(I+ml^2)\ddot{\phi}+mglcos\phi=-ml\ddot{x}sin\phi \tag{6}$$

이 제어 설계기법은 선형시스템에만 적용이 되기 때문에 방정식을 선형화할 필요가 있다.
수직 상향 평형위치를 선형화하면 $\phi = \pi$, 그리고 이 시스템은 작은 구간에서 유지된다고 가정한다.
수직 상향 평형위치가 20°를 넘지 않으면 이 가정은 상당히 합리적이다. 다음 아래 식 (7)과 같다.

$$\begin{aligned} sin\phi &\approx \phi \\ \cos\phi &\approx 1 \\ \dot{\phi}^2 &\approx 0 \end{aligned} \tag{7}$$

다음으로 비선형 방정식에 위의 식을 넣으면 두 개의 선형방정식이 나오고 F를 input으로 놓으면 u값을 얻을 수 있다.

$$\begin{aligned} (I+ml^2)\ddot{\phi} - mgl\phi &= ml\ddot{x} \\ (M+m)\ddot{x} + b\dot{x} - ml\ddot{\phi} &= u = F \end{aligned} \tag{8}$$

3) 전달함수

전달함수 : 라플라스 변환법에 의한 자동 제어계의 해석에 있어서 중요한 의미를 갖는 함수로, 제어계의 각 요소 또는 그 결합된 것의 응답을 나타내고, 일반적으로 모든 초기값을 0으로 할 때의 출력 신호와 입력 신호의 라플라스 변환의 비로 정의된다.

$$T(s) = \frac{Y(s)}{U(s)}$$

선형방정식의 전달함수를 얻기 위해서, 초기조건을 가정하고 Laplace변환을 아래 식 (9), 식 (10)과 같이 수행한다.

$$(I+ml^2)\Phi(s)s^2 - mgl\Phi(s) = mlX(s)s^2 \tag{9}$$

$$(M+m)X(s)s^2 + bX(s)s - ml\Phi(s)s^2 = U(s) \tag{10}$$

OutputΦ(s)과 InputU(s)에서 전달함수를 찾기 위해서 $X(s)$를 제거해야 한다. $X(s)$에 대해 정리하면,

$$X(s) = \left[\frac{I+ml^2}{ml} - \frac{g}{s^2}\right]\Phi(s) \tag{11}$$

이 된다. 식 (11)을 식(10)에 대입을 하면 아래 식 (12)와 같고

$$(M+m)\left[\frac{I+ml^2}{ml} - \frac{g}{s^2}\right]\Phi(s)s^2 + b\left[\frac{I+l^2}{ml} - \frac{g}{s^2}\right]\Phi(s)s - ml\Phi(s)s^2 = U \tag{12}$$

식 (12)를 정리하면

$$\frac{\Phi(s)}{U(s)} = \frac{\frac{ml}{q}s^2}{s^4 + \frac{b(I+ml^2)}{q}s^3 - \frac{(M+m)mgl}{q}s^2 - \frac{bmgl}{q}s} \tag{13}$$

여기서,

$$q = [(M+m)(I+ml^2) - (ml)^2] \tag{14}$$

위의 식 (13)을 보면, 원점에 pole과 zero가 겹쳐있으므로 약분하면 전달함수 식 (15)와 같다.

$$T_{pend}(s) = \frac{\Phi(s)}{U(s)} = \frac{\frac{ml}{q}s}{s^3 + \frac{b(I+ml^2)}{q}s^3 - \frac{(M+m)mgl}{q}s^2 - \frac{bmgl}{q}s}\left[\frac{rad}{N}\right] \tag{15}$$

식 (15)를 구한 방식과 같은 방식으로 식 (9), (10)으로 부터 전달함수 식 (16)을 구할 수 있다.

$$T_{cart}(s) = \frac{X(s)}{U(s)} = \frac{\frac{(I+ml^2)s^2 - gml}{q}}{s^4 + \frac{b(I+ml^2)}{q}s^3 - \frac{(M+m)mgl}{q}s^2 - \frac{bmgl}{q}s}\left[\frac{m}{N}\right] \tag{16}$$

4) 상태방정식 (state–space)

미분방정식이 연속적이라면 이 운동선형방정식들은 state–space 형태로 대체가 가능하다. 위 방정식들은 선형이기 때문에 아래와 같은 표준행렬로 나타낼 수 있다.

$$\begin{bmatrix} \dot{x} \\ \ddot{x} \\ \dot{\phi} \\ \ddot{\phi} \end{bmatrix} = \begin{bmatrix} 0 & 1 & 0 & 0 \\ 0 & \dfrac{-(I+ml^2)b}{I(M+m)+Mml^2} & \dfrac{m^2gl^2}{I(M+m)+Mml^2} & 0 \\ 0 & 0 & 0 & 1 \\ 0 & \dfrac{-mlb}{I(M+m)+Mml^2} & \dfrac{mgl(M+m)}{I(M+m)+Mml^2} & 0 \end{bmatrix} \begin{bmatrix} x \\ \dot{x} \\ \phi \\ \dot{\phi} \end{bmatrix} + \begin{bmatrix} 0 \\ \dfrac{I+ml^2}{I(M+m)Mml^2} \\ 0 \\ \dfrac{ml}{I(M+m)+Mml^2} \end{bmatrix} u \quad (17)$$

$$Y = \begin{bmatrix} 1 & 0 & 0 & 0 \\ 0 & 0 & 1 & 0 \end{bmatrix} \begin{bmatrix} x \\ \dot{x} \\ \phi \\ \dot{\phi} \end{bmatrix} + \begin{bmatrix} 0 \\ 0 \end{bmatrix} u$$

5) 제어기 설계하기

식 (17)을 간단히 표현하면 식 (18)과 같다.

$$\begin{aligned} \dot{X} &= AX + Bu \\ Y &= CX + Du \end{aligned} \qquad \text{여기서, } X = \begin{bmatrix} x \\ \dot{x} \\ \phi \\ \dot{\phi} \end{bmatrix},\ Y = \begin{bmatrix} x \\ \phi \end{bmatrix},\ u = [F] \quad (18)$$

식 (18)에서 입력값 u에 식 (19)를 대입한다. 식 (19)에서 K는 제어상수이며 제어상수에 따라 시스템의 안정성이 좌우된다. K는 식 (20)과 같다.

$$u = -KX = -(k_{p1}x + k_{d1}\dot{x} + k_{p2}\phi + k_{d2}\dot{\phi}) \quad (19)$$

$$K = \begin{bmatrix} k_{p1} \\ k_{d1} \\ k_{p2} \\ k_{d2} \end{bmatrix} \quad (20)$$

여기서 k_{p1}, k_{d1}은 각각 카트의 위치와 속도에 대한 제어상수이며, k_{p2}, k_{d2}는 각각 진자의 각도와 각속도에 대한 제어상수이다. 식 (18)의 상태방정식에 식 (19)를 대입하여 정리하면 상태방정식 (18)은 식 (21)과 같다.

$$\dot{X} = (A - BK)X \tag{21}$$

식 (21)에서 $(A - BK)$가 negative definite이면 시스템은 안정하다. 다시 말해 제어상수 K를 사용하였을 때 진자가 쓰러지지 않고 안정하게 서있는다. $(A - BK)$가 negative definite인지 확인하는 방법은 $(A - BK)$의 고유값을 구하여 이 값이 모두 음수이면 $(A - BK)$은 negative definite이다. 3×3행렬부터는 고유값을 손으로 구하기 어려우므로 컴퓨터를 이용하여 계산한다.

고유값은 시스템의 안정성 및 수렴속도와 관련 있다. Eigen value의 절대값이 클수록 시스템이 빨리 안정화된다. 만약 Eigen value가 복소수이면 시스템에 진동이 발생한다.

(참고 Root locus 상에서의 pole, zero 위치와 시스템응답과의 관계 참조; 자세한 점은 시스템 제어 서적 참조)

6) 시뮬레이션

역진자 카트 시스템 시뮬레이션은 랩뷰(Labview)프로그램으로 진행한다. LabVIEW는 테스트, 컨트롤 및 측정 어플리케이션을 개발하는 엔지니어와 과학자들을 위해 National Instrument사에서 제작한 그래픽 기반 프로그래밍 언어이다. 이 실험에서는 제공된 시뮬레이션 파일로 역진자 카트 시스템 시뮬레이션을 진행한다.

참고로 시뮬레이션 설치 화일은 http://robot.hanbat.ac.kr/index.php/lecture/mech-lab/ 에서 다운로드 받을 수 있다.

- Inverted pendulum Application 파일

  제공된 설치파일을 설치 후 설치 경로에 들어가면 Application 파일이 있다. 이 Application 파일을 실행하면 아래의 창이 뜨며 "설정", "실험", "결과" 탭을 순서대로 설정하여 시뮬레이션을 진행한다.

A. “설정” 탭

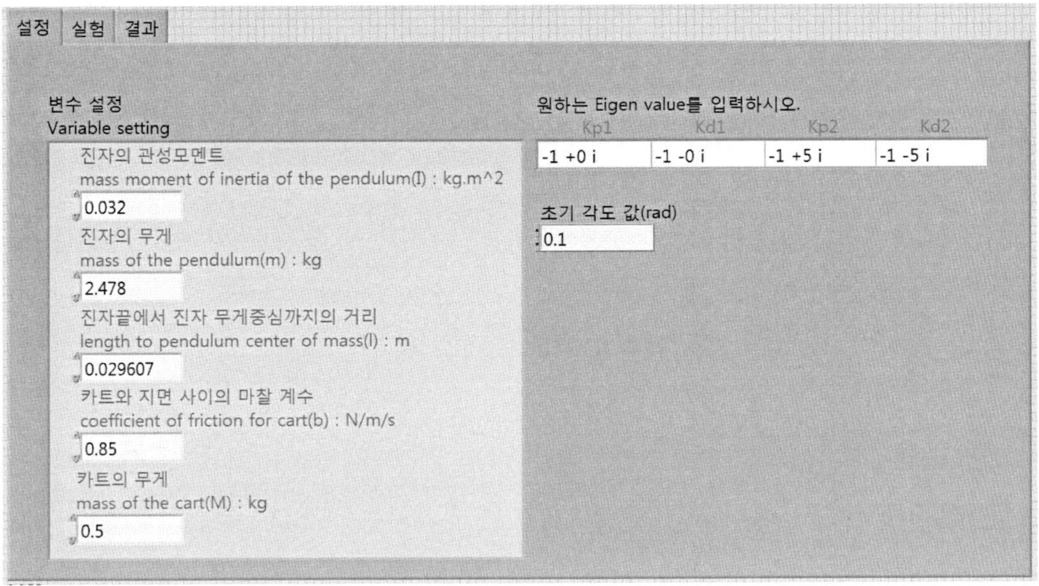

설정 탭에서는 1) 역진자 시스템의 변수들과 2) 제어계수를 계산하는데 필요한 eigen 값들 그리고 3) 역진자의 초기각도 설정해준다.

- **변수 설정**

  먼저, “변수 설정”에 역진자 카트의 변수를 입력한다. 각 변수 값들은 표 11.1을 참조한다. 진자의 관성 모멘트는 진자의 회전축으로부터 진자의 무게중심점에 대하여 계산된 막대기의 관성 모멘트 식 (22)으로부터 구한다.

$$I = ml^2 \tag{22}$$

- **Eigen value 입력**

  다음으로 원하는 eigen value를 ‘원하는 eigen value 입력’ 창에 입력한다. 모든 eigen value가 음수 (-)가 되여야 역진자 시스템이 안정화된다. 각각의 eigen value는 상태방정식의 X 행렬의 원소들과 관련이 있다(식 (17), (18) 참조).

  Eigen value의 실수 크기가 커질수록 관련된 X행렬의 원소는 빨리 안정화된다. 예를 들어, 식 (18)에서 X_{31} 원소와 관련된 eigen value의 절대값이 커지면 X_{31} 원소 즉 역진자의 각도는 다른 원소들에 비해 빨리 안정화된다. 여기서, K_{p1}은 카트위치 (x), K_{d1}는 카트의 속도 (x'), K_{p2}는 진자의 각도 (θ), 진자의 각속도 (θ')에 대한 제어 상수이다.

만약 Eigen value를 실수가 아닌 복소수로 입력하면 시스템에 진동이 생긴다 (Eigen value에 대한 더 자세한 내용은 공업수학책이나 인터넷 자료 참조). Eigen value를 복소수로 입력 시 k_p와 k_d는 켤레복소수여야 한다. 즉 k_p, p_d의 복소수는 크기가 같고 부호가 반대여야 한다(예 $k_{p1} = -1+1i$, $k_{d1} = -1-1i$).

- 역진자의 초기 각도
  시뮬레이션이 시작할 때 진자가 기울어져있는 각도이다. 이 값이 0이면 시뮬레이션이 진행되지 않는다.

B. "실험" 탭

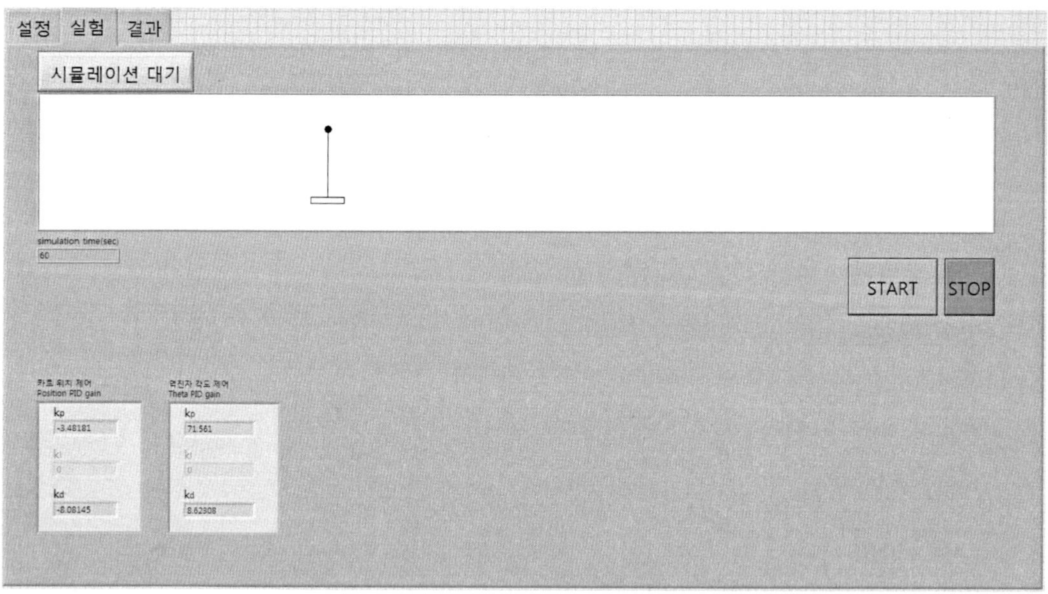

- 시뮬레이션 창 = 역진자 카트의 움직임을 보여준다.
- 시뮬레이션 진행 시간 : 인디케이터는 시뮬레이션이 진행된 시간을 보여준다. 시뮬레이션의 진행 시간은 60초이다.
- START 버튼 : 시뮬레이션 시작 버튼
- STOP 버튼 : 시뮬레이션이 진행 중에 끝내고 싶을 때 누르면 된다. 이 버튼을 누르지 않아도 시뮬레이션이 시작되고 60초가 지나면 (여기서 60초는 실제 시간이 아닌 시뮬레이션상의 60초) 자동으로 시뮬레이션은 끝난다.

- 제어 게인 (gain) : 앞에 “설정”탭에서 입력한 변수와 eigen 값을 사용하여 계산된 제어 상수들

C. “결과” 탭

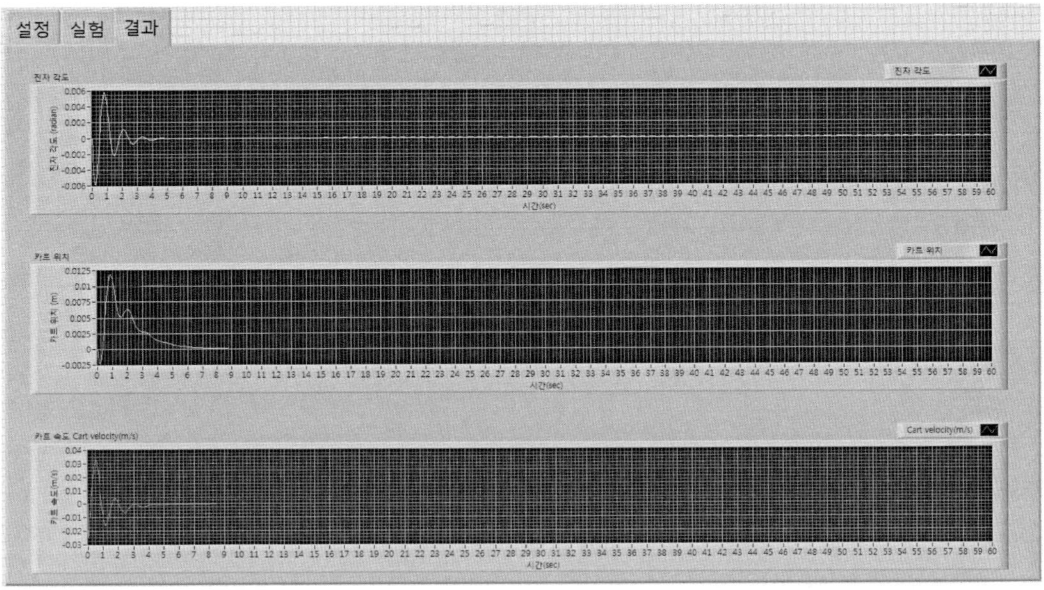

- <u>진자 각도, 카트 위치, 카트 속도 그래프</u> : 진자의 각도와 카트의 움직인 거리 및 카트의 속도 변화를 보여준다.

시뮬레이션을 수행하고 보고서를 제출한다.

참조 자료

http://ctms.engin.umich.edu/CTMS/index.php?example=InvertedPendulum&section=SystemModeling

▼ **표 11.1** 실험용 계수들

팀/조	1	2	3	4	5	6	7	8	9	10	11	12	13	14	15	16	17	18	19	20
진자의 무게 m (kg)	0.1	0.5	1	1.5	2	2.5	3	3.5	4	4.5	5	5.5	6	6.5	7	7.5	8	8.5	9	9.5
회전축으로부터 진자 무게 중심까지 거리 l (m)	0.1	0.5	1	1.5	2	2.5	3	3.5	4	4.5	5	5.5	6	6.5	7	7.5	8	8.5	9	9.5
카트 무게 M (kg)	0.1	0.5	1	1.5	2	2.5	3	3.5	4	4.5	5	5.5	6	6.5	7	7.5	8	8.5	9	9.5
초기각도 (rad)	0.95	0.9	0.85	0.8	0.75	0.7	0.65	0.6	0.55	0.5	0.45	0.4	0.35	0.3	0.25	0.2	0.15	0.1	0.05	0.01
마찰계수 b	0.1																			
Eigen values	$K_{p1}=-1,\ K_{d1}=-1\ ,\ K_{p2}=-1,\ K_{d2}=-1$																			

실험 보고서

실험일자	년 월 일	학번	
반/팀		성명	

1 시뮬레이션을 위해 사용한 파라미터 (parameter) 값을 입력하시오. (표 11.1 참조)

카트 무게 M (kg)	진자 무게 m (kg)	지면 마찰계수 b	회전축으로부터 진자 무게 중심까지의 거리 l (m)	초기 진자 각도 θ (rad)

2 위 파라미터를 식 (17)에 대입하여 역진자 카트 시스템의 상태방정식을 표현하시오.

3 Labview 프로그램에서 시스템 변수들과 Eigen value값을 변화시키며 진자와 카트의 움직임을 관찰하고 아래 표를 작성하시오. 단, 2차 시 eigen value를 1차 때보다 10배 크게 변화시켜 실험을 진행하고, 3차 시 eigen value를 1차 때보다 10배 작게 변화시켜 실험을 진행할 것

	k_p, k_d값				진자 정지시간(s)	총 진자 진동 횟수	카트가 원점으로부터 이동한 최대 위치 ($x_{\max}$) 및 카트의 최대속도 ($v_{\max}$): 절대값 고려, 부호는 좌표의 방향 (왼쪽/오른쪽) 표시함
1차	k_{p1}		k_{d1}				
	k_{p2}		k_{d2}				
	Eigen values =						
2차	k_{p1}		k_{d1}				
	k_{p2}		k_{d2}				
	Eigen values =						
3차	k_{p1}		k_{d1}				
	k_{p2}		k_{d2}				
	Eigen values =						

4 Eigen value의 K_{p2}, K_{d2}복소수부를 자신의 조 번호 숫자만큼의 크기로 설정하고 시뮬레이션하였을 때 결과가 어떻게 변하는지 확인하고 설명하라. (주의 켤레 복소수로 입력해야 함 즉 크기는 같고 부호는 반대여야 함)

5 지금까지 진행한 결과를 바탕으로 eigen value의 변화에 따라, 제어 상수가 어떻게 변하는지 그리고 진자 정지시간, 왕복 횟수, 카트 이동거리 및 속도가 어떻게 변하는지 상관 관계를 논의하라.

CHAPTER

12

2 자유도 로봇팔 궤적 계획 (Trajectory planning of a two-link manipulator robot)

학 과	기계공학과	교과목	기계공학실험(Ⅰ)	학 년	2	조편성	조
실험실		실험내용	2 자유도 로봇팔 궤적 계획 (Trajectory planning of a two-link manipulator robot)	학 번		성 명	

12.1 실험목적과 절차

이번 실험에서는 두 개의 링크를 갖는 로봇팔의 끝점을 주어진 초기 위치에서 최종 위치로 이동시키기 방법을 이론과 시뮬레이션을 통해 실습한다.

1 절차

두 개의 링크를 갖는로봇팔의 끝점을주어진 초기 위치에서 최종 위치로 이동시키기 위한 제어 순서는 다음과 같다.

① **모델링** (forward kinematic model) : 로봇의 운동학 (기구학) 모델을 구한다. 즉 로봇 끝점의 위치 (좌표)를 조인트 각도의 함수로 표현한다.

② **역기구학** (inverse kinematics) : 절차 1의 모델을 이용하여 조인트 각도를 로봇 끝점 좌표의 함수로 구한다.

③ **궤적 경로 계획** (trajectory planning) : 먼저 주어진 로봇팔 끝점의 초기 위치와 최종 위치로부터 해당 조인트 각도를 구한다. 그리고 주어진 작동시간 및속도 조건을 사용하여 로봇의 궤적 경로를 계획한다.

④ 제어 (control) : 제어기를 설계하여 로봇팔이 절차3에서 계획한 궤적 경로를 추종하도록 제어한다.

본 실험에서는 절차 4의 제어기 설계를 생략하고 절차3에서 계획한 궤적 경로를 따라 로봇팔이 동작하도록 시뮬레이션한다.

12.2 실험

1 모델링

본 실험에서 제어할 로봇팔의 기구학적 모델은 그림 12.1과 같다.

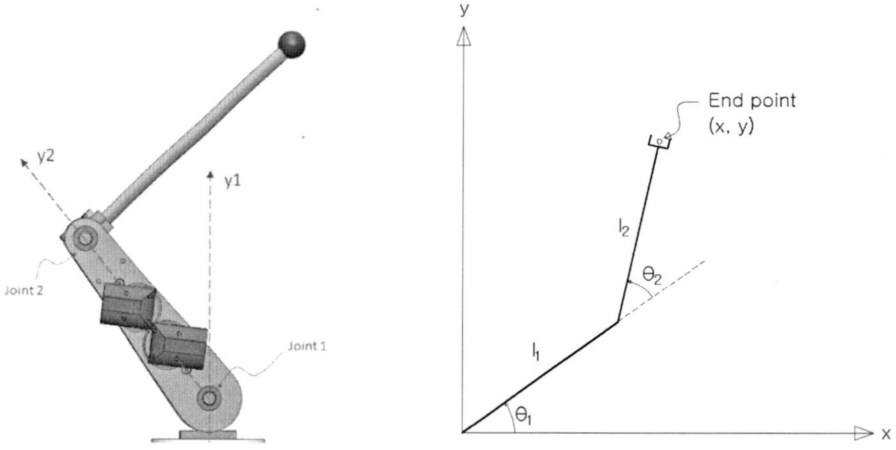

▲ **그림 12.1** Kinematics of a two-link robot arm

그림 12.1은 두 개의 링크 즉, 링크1과 링크2를 갖는 2 자유도 로봇팔이다. 그림 12.1에서 θ_1은 링크1과 x축이 이루는 각도이며 θ_2는 링크2와 링크1이 이루는 각도이다. l_1과 l_2는 각각 링크1과 링크2의 길이다. 그림 12.1에서 로봇팔의 끝점 좌표 (x, y)를 l_1, l_2와 θ_1, θ_2에 대해 표현하면 다음과 같다.

$$x = l_1 c_1 + l_2 c_{12} \; ; \quad c_1 = \cos(\theta_1),\, c_{12} = \cos(\theta_1 + \theta_2) \tag{1}$$

$$y = l_1 s_1 + l_2 s_{12} \; ; \quad s_1 = \sin(\theta_1),\, s_{12} = \sin(\theta_1 + \theta_2) \tag{2}$$

2 역기구학 구하기

로봇팔의 끝점 좌표 (x, y)가 주어졌을 때 θ_1, θ_2의 값을 계산하는 수식을 위 식으로부터 유도할 수 있다.

1) θ_2에 대한 수식 구하기

우선, 식 (1), (2)를 제곱하고 합한 후 c_2에 대해 정리하면 다음과 같다.

$$C_2 = \frac{x^2 + y^2 - l_1^2 - l_2^2}{2l_1 l_2} \tag{3}$$

위 식을 참고로 S_2에 대한 표현은 다음과 같다.

$$s_2 = \pm \sqrt{1 - c_2^2} \tag{4}$$

다음으로, 식 (3), (4)로부터 arc tan 기호를 사용하여 θ_2를 계산하다.

$$\theta_2 = Atan2(s_2, c_2) = Atan2\left(\pm \sqrt{1 - \left(\frac{x^2 + y^2 - l_1^2 - l_2^2}{2l_1 l_2} \right)^2}, \ \frac{x^2 + y^2 - l_1^2 - l_2^2}{2l_1 l_2} \right) \tag{5}$$

여기서 Atan2는 다음과 같이 계산한다[1]. (참고 각도의 단위는 라디안(rad)으로 계산한다.)

〈계산기의 단위가 라디안(rad)일 때〉

$$\begin{matrix} \text{atan2}(y, x) \\ (\text{단위 : rad}) \end{matrix} = \begin{cases} \arctan\left(\frac{y}{x}\right) & \text{if} \quad x > 0, \\ \arctan\left(\frac{y}{x}\right) + \pi & \text{if} \quad x < 0 \quad \text{and} \quad y \geq 0, \\ \arctan\left(\frac{y}{x}\right) - \pi & \text{if} \quad x < 0 \quad \text{and} \quad y < 0, \\ +\frac{\pi}{2} & \text{if} \quad x = 0 \quad \text{and} \quad y > 0, \\ -\frac{\pi}{2} & \text{if} \quad x = 0 \quad \text{and} \quad y < 0, \\ undefined & \text{if} \quad x = 0 \quad \text{and} \quad y = 0 \end{cases}$$

〈계산기의 단위가 도(°)일 때〉

$$\text{atan2}(y, x)\ (\text{단위 : rad}) = \begin{cases} \arctan\left(\frac{y}{x}\right)\times\frac{\pi}{180} & \text{if} \quad x>0, \\ \left(\arctan\left(\frac{y}{x}\right)+180°\right)\times\frac{\pi}{180} & \text{if} \quad x<0 \quad \text{and} \quad y\geq 0, \\ \left(\arctan\left(\frac{y}{x}\right)-180°\right)\times\frac{\pi}{180} & \text{if} \quad x<0 \quad \text{and} \quad y<0, \\ +\frac{\pi}{2} & \text{if} \quad x=0 \quad \text{and} \quad y>0, \\ -\frac{\pi}{2} & \text{if} \quad x=0 \quad \text{and} \quad y<0, \\ undefined & \text{if} \quad x=0 \quad \text{and} \quad y=0 \end{cases}$$

참고 도(°) 단위의 값을 라디안(rad) 단위로 변환하려면, 도(°) 단위의 값에 $\frac{\pi}{180}$을 곱해준다.

2) θ_1에 대한 수식 구하기

다음으로 식 (1), (2)로부터 θ_1에 대한 역기구학을 구한다. 식 (1), (2)를 아래의 삼각함수 공식을 사용하여 정리하면 식과 같다.

$$c_{12}=c_1c_2-s_1s_2$$
$$s_{12}=c_1s_2+s_1c_2 \tag{6}$$

$$\cos(\gamma+\theta_1)=x$$
$$\sin(\gamma+\theta_1)=y \tag{7}$$

여기서

$$\gamma=Atan2(l_2s_2,\quad l_1+l_2c_2)$$

식 (7)의 두 변수를 arc tan로 표현하면 다음을 얻는다.

$$\gamma+\theta_1=Atan2(y,x) \tag{8}$$

그리하여

$$\theta_1=Atan2(y,x)-Atan2(l_2s_{2,\ l_1}+l_2c_2) \tag{9}$$

로봇팔 끝점의 초기 위치(x_i, y_i)와 최종 위치(x_f, y_f)가 주어졌을 때 식 (5)와 (9)를 사용하여 각 위치좌표에 대한 링크1과 링크2의 조인트 각도를 구할 수 있다. 위 식들의 유도 방법에 대한 자세한 내용은 참조자료 [2]를 참고한다.

12.3 궤적 경로 계획

다음으로 그림 12.1의 로봇팔 끝점을 초기 위치에서 최종 위치로 이동시키기 위한 경로를 생성해보자. 본 실험에서는 Cubic polynomial 방식을 사용하여 θ_1, θ_2의 경로를 각각 생성한다. Cubic polynomial공식은 다음과 같다.

$$\theta(t) = a_0 + a_1 t + a_2 t^2 + a_3 t^3 \tag{10}$$

여기서

$$a_0 = \theta_i,\ a_1 = \dot{\theta}_i,\ a_2 = \frac{3(\theta_f - \theta_i) - t_f(2\dot{\theta}_i + \dot{\theta}_f)}{t_f^2},\ a_3 = \frac{2(\theta_i - \theta_f) - t_f(\dot{\theta}_f + \dot{\theta}_i)}{t_f^3}$$

θ_i	초기 각도
$\dot{\theta}_i$	초기 각속도
θ_f	최종 각도
$\dot{\theta}_f$	최종 각속도
t_f	최종 목표점에 도달할 때까지 걸리는 시간 (sec)

위 식에서 각 변수들에 대한 설명은 아래 표에 정리한다. 식에 대한 자세한 내용은 참조자료 [3]를 참고한다.

12.4 시뮬레이션

(2)절에서 구한 역기구학과 (3)절에서 구한 경로를 이용하여 로봇팔의 시뮬레이션을 진행한다. 로봇팔을 시뮬레이션하는 순서는 다음과 같다.

로봇팔끝점의 초기좌표와 최종좌표가 주어졌을 때 식 (5)와 식 (9)로부터 각 좌표에 대한 조인트 각도를 구한다. 다음으로 식 (10)을 사용하여 조인트1과 조인트2에 대한 각도 경로를 생성한다. 이렇게 생성된 경로를 로봇팔에 입력하여 로봇팔을 초기좌표에서 최종좌표로 움직인다.

1 랩뷰에서 시뮬레이션하기

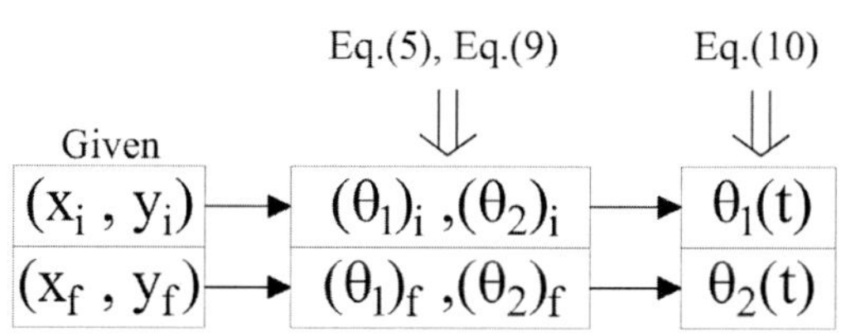

▲ 그림 12.2

제공된 설치파일을 설치 후 설치 경로에 들어가면 Application 파일이 있다. 이 Application 파일을 실행하면 아래의 창이 뜨며 "설정", "시뮬레이션", "결과" 탭을 순서대로 설정하여 시뮬레이션을 진행한다.

참고로 시뮬레이션 설치 화일은 http://robot.hanbat.ac.kr/index.php/lecture/mech-lab/ 에서 다운로드 받을 수 있다.

A. "설정" 탭

- 그림 12.3에 표시된 "설정" 탭을 클릭하고 'Cubic Polynomal'에 식 (10)을 사용하여 구한 조인트1, 2에 대한 a_0, a_1, a_2, a_3을 입력한다.

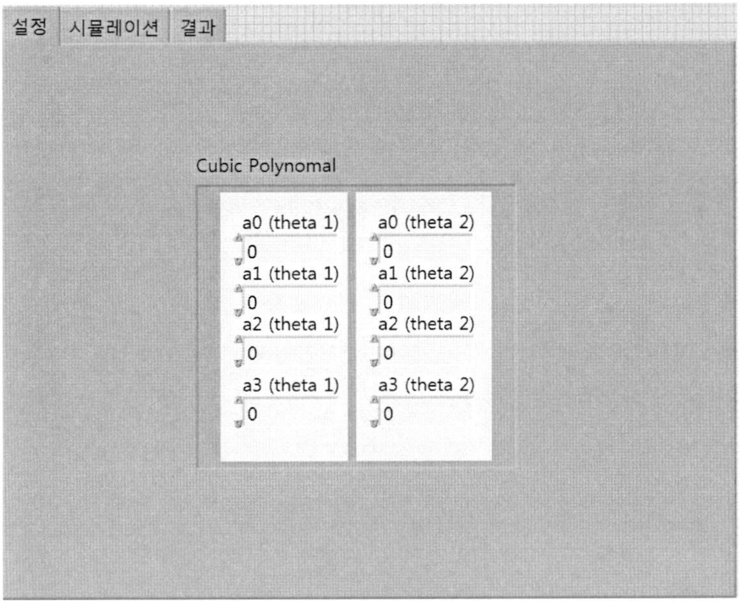

▲ 그림 12.3

B. "시뮬레이션" 탭

- "시뮬레이션" 탭을 클릭하면 그림 12.5와 같다. 여기서 'start' 버튼을 클릭하면 로봇팔의 시뮬레이션이 시작된다.

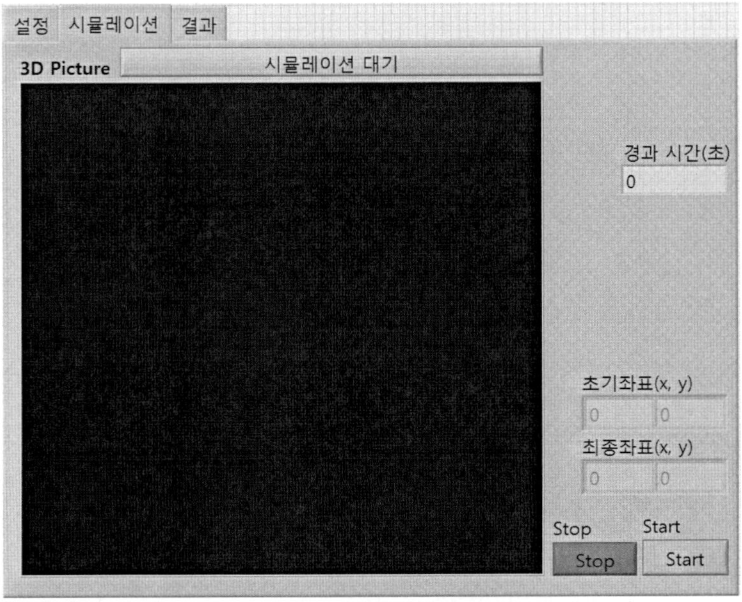

▲ 그림 12.4

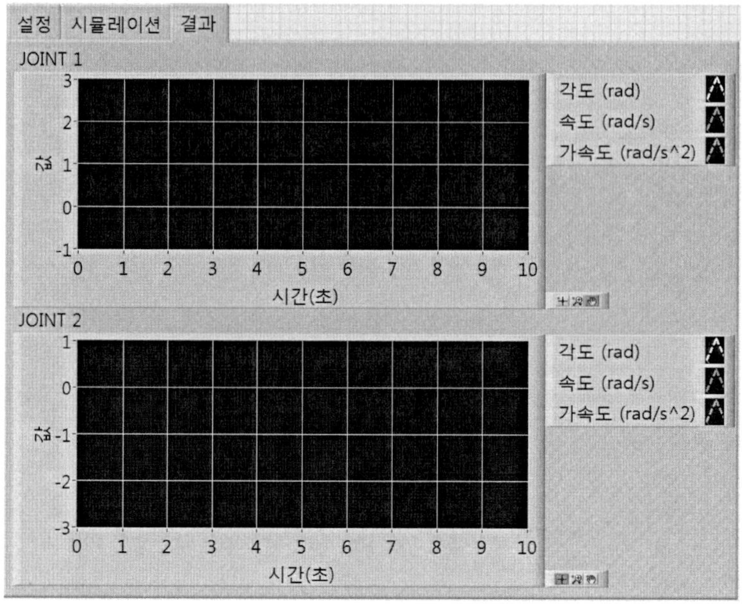

▲ 그림 12.5

C. "결과" 탭

- 시뮬레이션이 완료되면 "결과"탭에서 시뮬레이션 결과 그래프를 볼 수 있다. 조인트1, 2의 각도, 각속도, 각가속도를 볼 수 있다.

참조 자료

[1] Available: https://en.wikipedia.org/wiki/Atan2

[2] J. J. Craig, "로보틱스 입문 (3판)," ed: Pearson Education Korea, 2005, pp. 146–148.

[3] P. D. Richard R. Lindeke. (2012). Available: http://www.d.umn.edu/~rlindek1/ME4135_11/Robotic Path Control Techniques_F12.pptx

보 고 서

실험일자	년 월 일	학번	
반/팀		성명	

1 로봇팔의 사양이 표 12.1과 같을 때 랩뷰로 시뮬레이션을 진행하고 아래의 보고서를 작성하라.

▼ **표 12.1** 로봇팔의 사양 및 궤적 정보

링크1 길이 (l_1)	0.5 m
링크2 길이 (l_2)	0.5 m
끝점의 초기좌표 (x_i, y_i)	(1 m , 0 m)
초기좌표에서의 조인트1과 조인트2의 각속도	0 rad/s
끝점의 최종좌표 (x_f, y_f)	표 12.2 참조
최종좌표에서의 조인트1과 조인트2의 각속도	0 rad/s
초기좌표에서 최종좌표로 이동하는데 걸린 시간 (t_f)	10초

▼ **표 12.2** 로봇팔 끝점의 최종 좌표 (단위: m)

팀	최종 좌표	팀	최종 좌표
1	(0.5 , 0)	11	(0.1, 0.9)
2	(0.5, 0.75)	12	(0.2, 0.8)
3	(0.75, 0.5)	13	(0.3, 0.7)
4	(0.5, 0.5)	14	(0.6, 0.4)
5	(0.5, 0.25)	15	(0.7, 0.3)
6	(0.25, 0.5)	16	(0.8, 0.2)
7	(0.25, 0.75)	17	(0.9, 0.1)
8	(0.75, 0.25)	18	(0.55, 0.55)
9	(0.4, 0.6)	19	(0.65, 0.65)
10	(0, 0.5)	20	(0.75, 0.75)

1) 식 (5), (9)와 위의 초기 및 최종 좌표를 이용하여 $\theta_1,\ _2$의 초기 각도와 최종 각도를 구하여라. (참고: 각도의 단위는 라디안(rad)이며 식의 부호는 +로 계산한다)

조인트1 각도, θ_1(rad)		조인트2 각도 θ_2(rad)	
초기각 θ_i:	최종각 θ_f:	초기각 θ_i:	최종각 θ_f:

2) 식 (10)을 사용하여 조인트 궤적 함수 $\theta_1(t)$와 $\theta_2(t)$의 각 계수 $a_0,\ a_1,\ a_2,\ a_3$를 계산하여라.

θ_1		θ_2	
a_0:	a_1:	a_0:	a_1:
a_2:	a_3:	a_2:	a_3:

3) 랩뷰에서 로봇팔을 시뮬레이션하고 각 조인트의 각도, 속도, 가속도("JOINT1", "JOINT2")를 대략적으로 스케치하여라. (최대, 최소 등 특징 값들과 해당 시간을 대략적으로 표시하라)

4) 식 (4)의 부호를 –로 계산하였을 때, 10초 후 로봇팔의 최종 모습을 스케치하고 +로 계산하였을 때와 어떤 차이가 있는지 설명하라.

CHAPTER

13 아두이노 소개

학 과	기계공학과	교과목	기계공학실험(I)	학 년	2	조편성	조
실험실		실험내용	아두이노 소개	학 번		성 명	

13.1 아두이노란 무엇인가

Introduction to Arduino

아두이노 보드는 많은 마이크로 프로세서 보드 중 하나이다. 전에도 INTEL, AVR, PIC, ARM 등 많은 마이크로 프로세서 보드가 있었고 지금도 많이 사용되고 있다. 이러한 마이크로 프로세서 보드는 가전제품 및 자동차 ECU 등 간단한 전자 제어부터 복잡한 모터 제어에 이르기 까지 실생활에 널리 적용되고 있다. 아두이노는 최근에 개발된 것으로 기본 구성은 AVR을 기반으로 성능 자체는 대동소이하다. 그러나 장점은 오픈 소스로 모든 개발환경 및 소스가 무료로 제공되고 보드 또한 누구든지 제작이 가능하다는 점이다.

아두이노는 2005년 이탈리아 밀라노 옆의 IVREA에서 예술가, 의상 디자이너 그리고 학생들이 쉽게 사용할 수 있는 저렴한 제어 장치를 만들기 위해 시작된 프로젝트이다. 이 프로젝트를 시작한 Massimo Banzi와 David Cuatielles 는 이 마을의 역사적인 인물인 이탈리아 왕의 이름 Aduin of Ivrea에서 그 이름을 지었다고 한다.

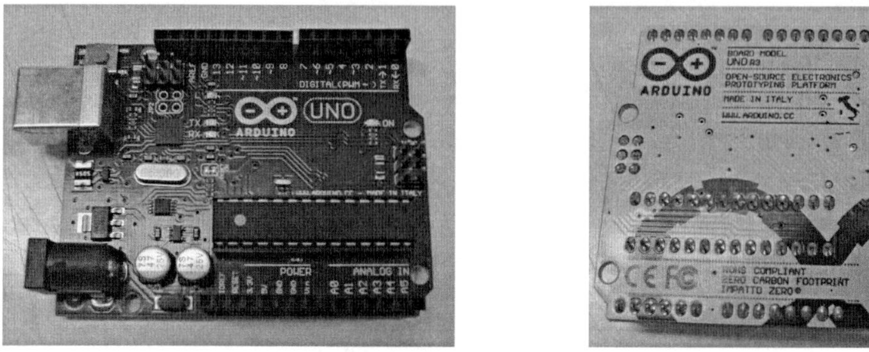

▲ **그림 13.1** 아두이도 UNO와 최초의 아두이노 보드

아두이노는 하드웨어 뿐 아니라 소프트웨어 통합 개발 환경을 제공한다. 아두이노 개발용 소프트웨어 또한 아두이노 보드와 마찬가지로 오픈 소스이므로 무료로 제공되고 초보자도 쉽게 사용할 수 있도록 직관적이고 간편한 인터페이스를 가지며 복잡한 환경 변수 설정을 쉽게 설정이 가능하도록 제작되었다. 다양한 운영체제에서 실행이 가능하도록 JAVA로 개발 되었으며 한번의 클릭으로 컴파일부터 보드에 업로드까지 가능하도록 하였다. 아두이노 보드를 위한 프로그램이나 코드를 스케치 (sketch)라고 부른다.

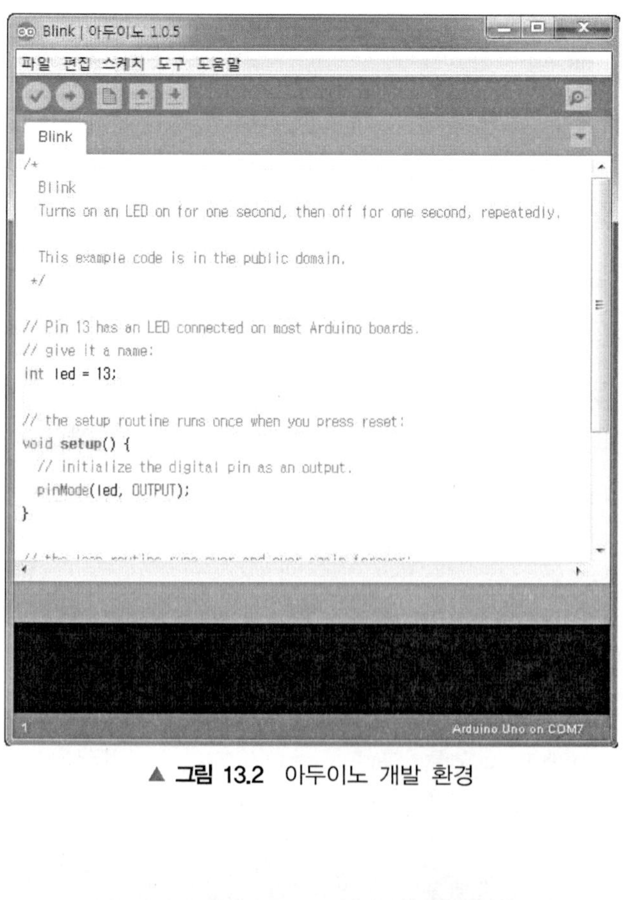

▲ **그림 13.2** 아두이노 개발 환경

아두이노는 다양한 버전의 보드를 제공한다. Arduino Mega 보드로 ATmega2560 마이크로 컨트롤러를 사용하여 Arduino UNO에 비해 더 많은 디지털 및 아날로그 입출력을 제공한다. LilyPad Arduino로 의상 및 입는 컴퓨터 (wearables) 개발을 위해 제작된 아두이노 보드이며, Arduino Nano 보드는 Arduino UNO와 동일한 기능이면서 사용하면서 크기를 작게 만든 아두이도 보드이다. 이외에도 여러 아두이노 호환 보드들과 확장 보드가 존재하며 아두이노 보드 판매 사이트에서 찾아볼 수 있다.

Arduino Mega

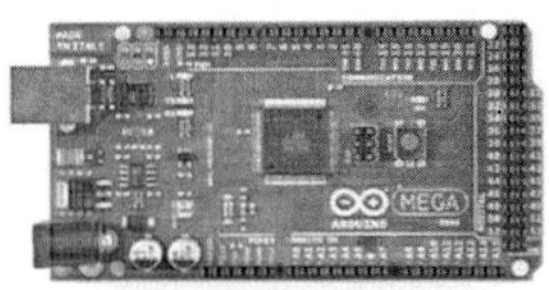

기본사양:
54 Digital I/O Pins (14 PWM outputs)
16 Analog Inputs
4 UARTs(하드웨어 시리얼 포트)
256KB Flash MemorySRAM 8KB
EEPROM 4KB
16Mhz Clock Speed

Arduino Mini

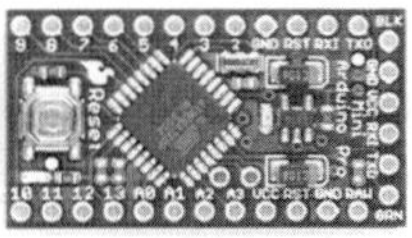

기본사양:
14 Digital I/O Pins (6 PWM outputs)
6 Analog Inputs
32k Flash Memory
16Mhz Clock Speed

Arduino Lilypad

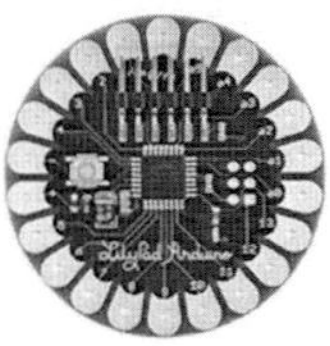

기본사양:
14 Digital I/O Pins (6 PWM outputs)
6 Analog Inputs
32KB Flash Memory
8Mhz Clock Speed

▲ **그림 13.3** 다양한 아두이노 보드(출처 미상)

초급 스타터 키트로 활용되는 Arduino UNO 보드는 그림 13.4에서 확인할 수 있다.

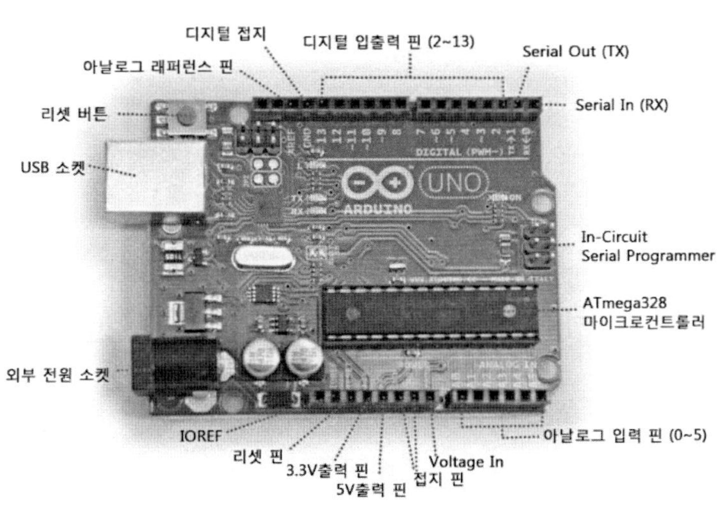

▲ **그림 13.4** Arduino UNO 보드 (출처 미상)

14개 Digital IO (pins 0 - 13)핀은 디지털 입력 또는 출력으로 소프트웨어로 설정 가능하다.

6개의 Analogue In (pins 0 - 5)핀은 아날로그 입력이다. 0-5V 사이의 아날로그 신호가 입력되고 이 신호를 0과 1023 사이의 값으로 변환된다.

6개 Analogue Out (pins 3,5,6, 9, 10, 11) 핀은 디지털 출력이면서 아날로그 출력으로 PWM 신호 출력이 가능하다.

핀 13번은 보드 상에 저항과 LED가 연결되어서 외부 신호회로 없이 LED 점멸이 가능하다.

보드는 USB를 통해서 전원이 공급되고 이는 점퍼를 통하여 변경이 가능하다.

외부 전원 소켓은 12V 입력이 가능하고 Vin 핀과 연결되어 있고 전압 레귤레이터로 5V로 변환되어 아두이노 보드에 공급되므로 외부 전원이 연결되어 있을 경우에는 따로 5V 전원을 인가하지 않아도 된다.

13.2 아두이노 설정하기

먼저 아두이노 소프트웨어를 설치한다. 공식 사이트(Http://arduino.cc)에서 최신 버전을 다운받는다. 일반적으로 윈도우 운영체제 용으로 다운을 받는다.

▲ **그림 13.5** 아두이노 공식 홈페이지

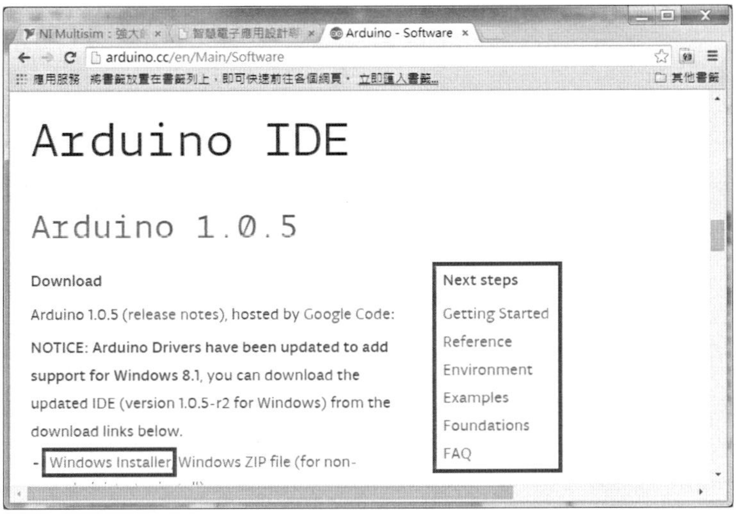

▲ 그림 13.6 다운로드 위치

다운받은 압축파일을 원하는 폴더에 저장하고 압축을 풀면 설치는 끝난다. 아두이노 프로그램은 별도의 설치과정이 없이 압축을 풀면 바로 사용이 가능하다.

압축을 푼 폴더에는 driver, examples, libraries 폴더를 확인할 수 있다.

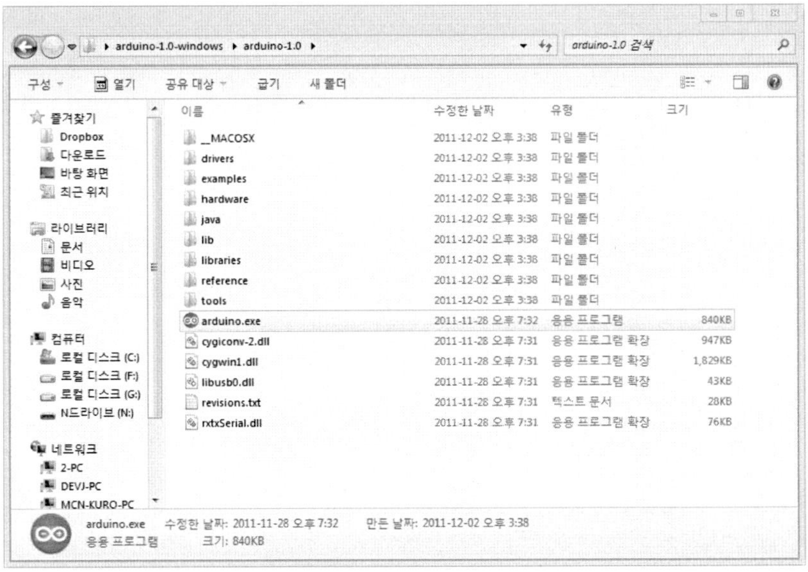

▲ 그림 13.7 아두이노 디렉토리

이제 아두이노 보드를 USB 포트에 연결한다. USB 포트를 통하여 전원이 공급되므로 프로그래밍 중에는 별도로 전원을 공급할 필요가 없다. 아두이노 또한 독립적인 프로세서이므로 사용자

프로그램을 업로딩한 이후에는 컴퓨터없이 동작하므로 외부 전원을 공급하여야 한다.

드라이버는 자동으로 설치가 되지만 그림 13.8과 같이 제어판 → 장치관리자 → 알수없는 장치가 나온다면 수동으로 설치해 주어야 한다.

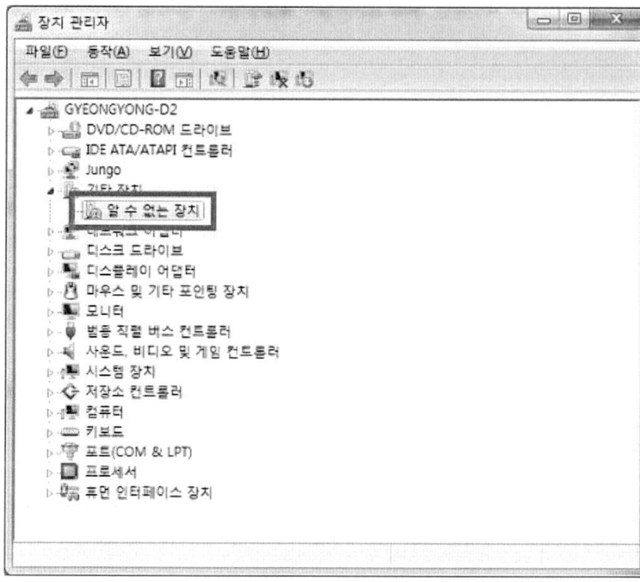

▲ **그림 13.8** 장치 관리자

마우스 오른쪽 버튼을 눌러 “드라이버 소프트웨어 업데이트”를 선택하면 그림 13.9와 같은 창이 나타난다.

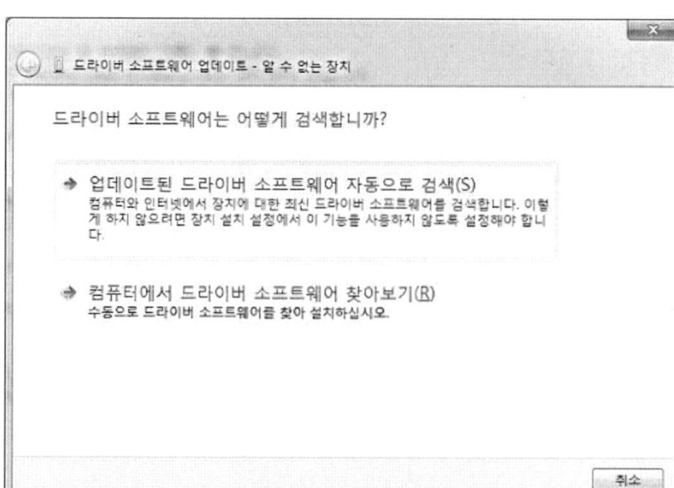

▲ **그림 13.9** 드라이버 업데이트

그림 13.10에서 "컴퓨터에서 드라이버 소프트웨어 찾아보기"를 선택한 다음 다운받은 아두이노 파일의 압축 해제한 폴더의 driver 폴더를 선택한다.

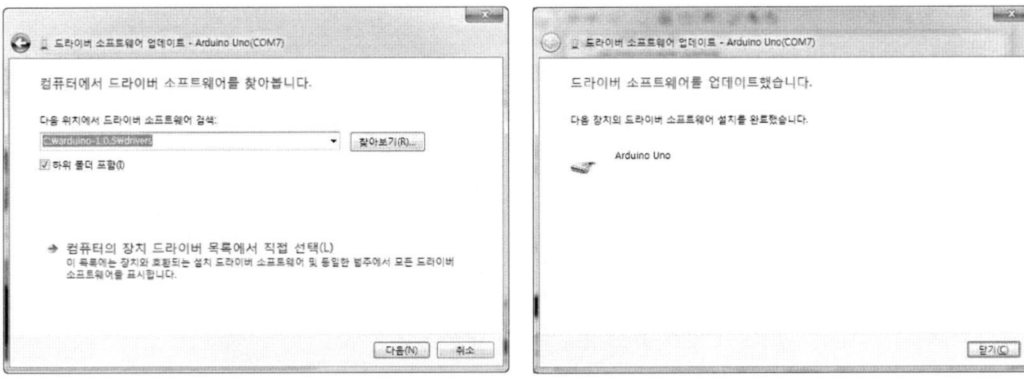

▲ **그림 13.10** 드라이버 업데이트 2

드라이버 소프트웨어 업데이트가 성공적으로 끝나면 장치 관리자에서 "알수없는 장치"가 그림 13.11에서와 같이 포트 → "Arduino UNO"로 출력되는 것을 볼 수 있다. 아두이노 보드에 USB-Serial port 변환 칩이 내장되어 있어 장치 설치가 완료 되면 COM3 ~ 표시되는 것을 확인할 수 있다. 이 숫자를 잘 확인하여야 한다.

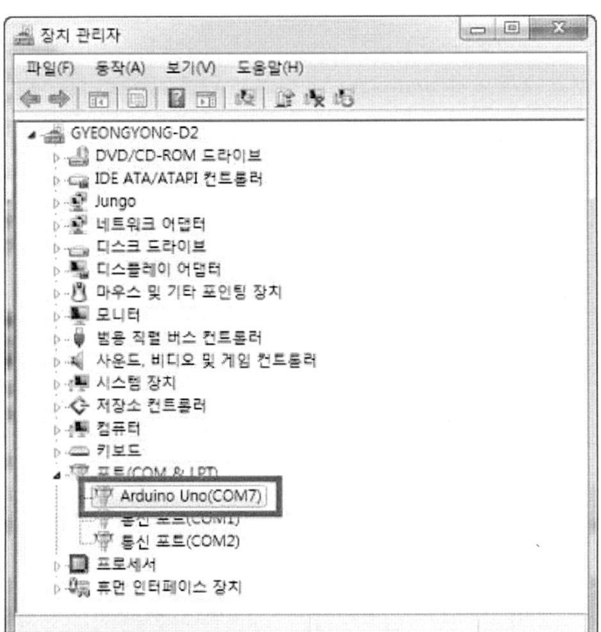

▲ **그림 13.11** 드라이버 설치 후 장치관리자

Arduino.exe. 파일을 실행하면 그림 13.12와 같이 프로그램 창이 실행된다.

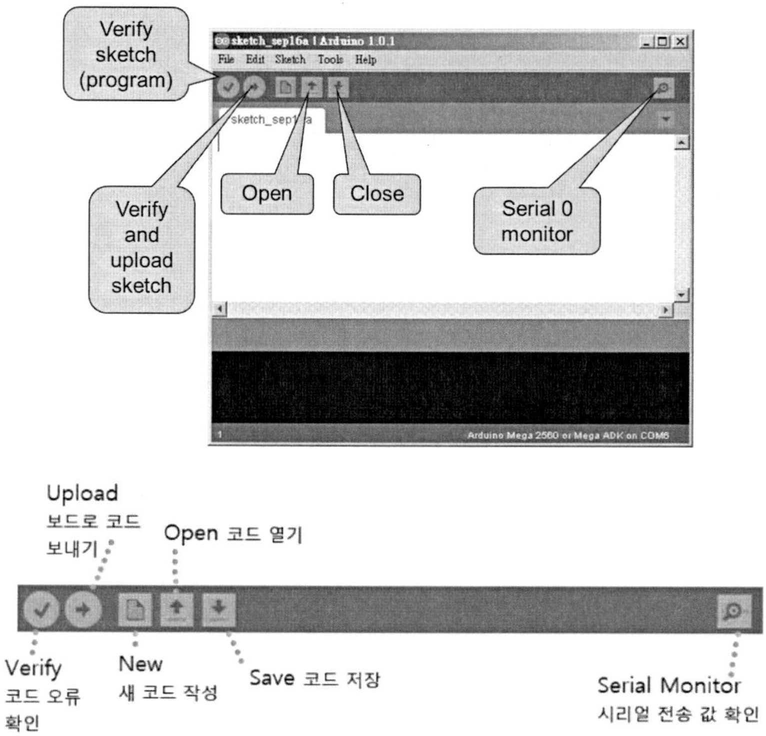

▲ **그림 13.12** 아두이노 스케치 프로그램

그림 13.13의 스케치 프로그램의 메뉴바에 대한 설명은 다음과 같다.

① Verify / Compile : 작성한 프로그램 코드가 제대로 되었는지 확인해주고, 이상이 없으면 컴파일이라는 과정을 통해 기계가 이해할 수 있는 언어로 바꿔준다.

② Upload : Verify로 오류도 없고, 기계가 이해할 수 있는 언어로 바뀐 코드를 아두이노 보드로 보내주는 기능이다.

③ New : 새로운 스케치 작업을 할 때 사용한다.

④ Open : 기존에 작성된 스케치를 열 때 사용한다.

⑤ Save : 지금 작성하고 있는 스케치 즉 프로그램 코드를 저장한다.

⑥ Serial Monitor : 시리얼로 보내고 받는 값을 확인할 때 사용한다.

아두이노는 다양한 보드들이 존재하고 그 성능과 기능이 다르므로 사용자가 사용하는 보드에 맞도록 설정을 하여야 한다. 그림 13.14에서와 같이 "도구 → 보드"(Tool →Board)에서 맞는 보드를 선택한다. 여기서는 Arduino UNO를 선택하도록 한다.

보드와 연결하기 위해서 "도구 → 시리얼 포트"(Tool → Serial Port)에서 이전에 장치관리자에서 설치하였던 COM3 ~ 을 선택한다. 프로그램 우측 하단에 연결된 상태를 확인할 수 있다. 이 번호가 맞지 않으면 아두이노가 연결되지 않으므로 업로드가 되지 않고 에러가 발생하므로 반드시 장치관리자를 확인하여 일치하도록 한다. 이로서 설치 및 기본 설정이 완료되었다.

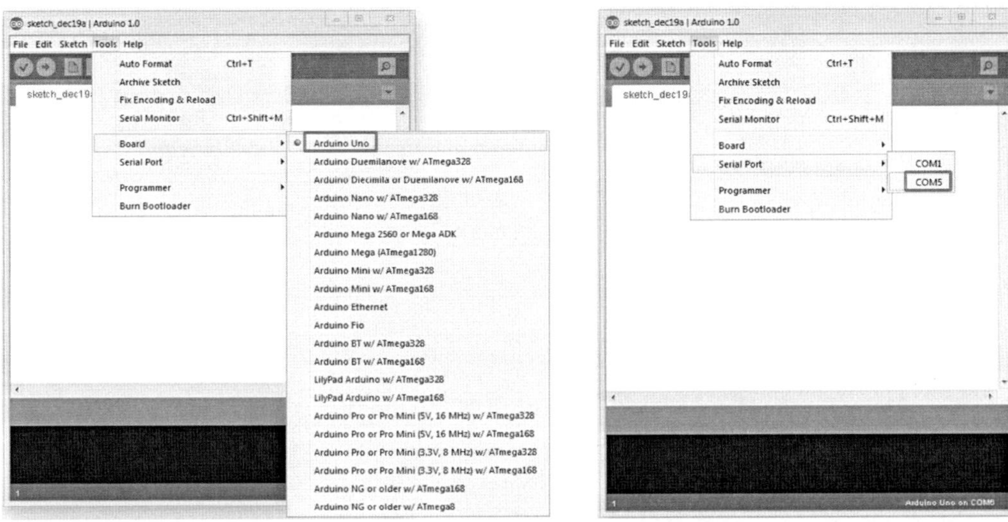

▲ **그림 13.13** 아두이노 보드 선택

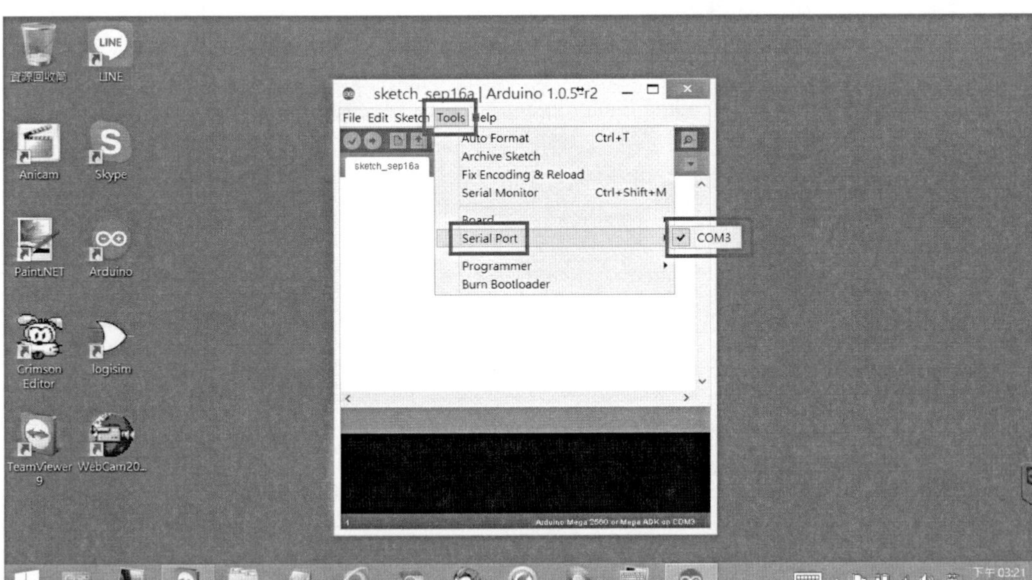

▲ **그림 13.14** 아두이노 시리얼 포트 확인

CHAPTER

14 아두이노 기본

학 과	기계공학과	교과목	기계공학실험(Ⅰ)	학 년	2	조편성	조
실험실		실험내용	아두이노 기본	학 번		성 명	

14.1 Blink 예제 실행하기

아두이노 설치가 완료되었으면 가장 기본적인 동작 테스트를 수행한다. 아두이노 프로그램 내에는 다양한 예제 프로그램이 제공되고 있다. 이러한 예제 프로그램을 잘 활용하면 다양한 기능을 활용하는 데 도움을 주어 개발시간을 단축시킬 수 있다. 예제 프로그램은 그림 14.1에서 "File → Skechbook → Examples → Digital → Blink"를 선택한다.

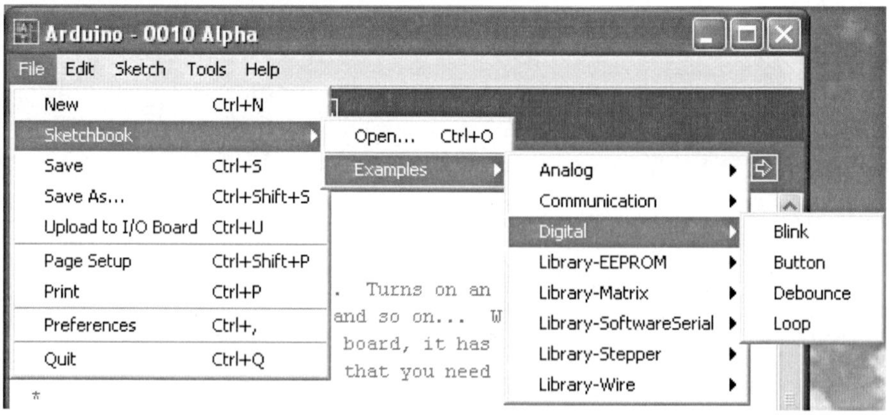

▲ 그림 14.1 예제 프로그램

그러면 그림 14.2와 같은 코드가 작성되어 있는 스케치 화면이 생성된다.

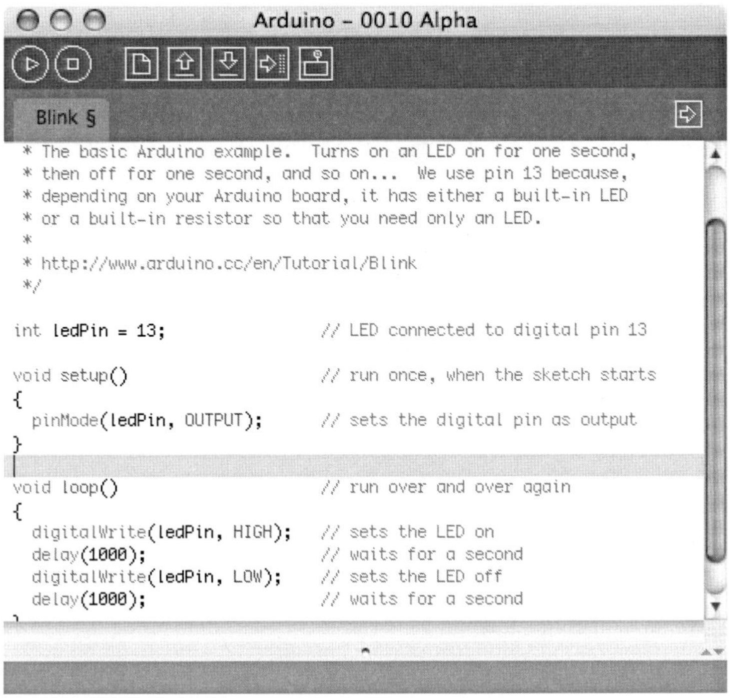

▲ **그림 14.2** Blink 예제 스케치

아두이노 프로그램 과정은 그림 14.3과 같다. 첫째로 사용자가 원하는 스케치 코드를 작성한다. 그리고 메뉴 바의 컴파일 버튼을 누르면 코드가 기계어로 변환되면서 업로드할 준비가 된다. 만약 코드에 오류가 있다면 아래 상태 창에 에러 메시지를 발생시킨다. 그 다음 업로드 버튼을 누르면 스케치 프로그램이 아두이노 보드로 전송된다. 이때 보드의 TX/RX LED가 깜빡이면서 전송되는 것을 확인할 수 있다. 그러면 아두이노는 스케치 코드대로 동작하게 된다. Blink 예제의 경우 아누이노 보드의 13번이 보드의 LED와 연결되어 있어 1초에 한번씩 점멸하는 것을 확인할 수 있다. 이러한 과정을 거쳐서 아두이노 보드가 동작하게 된다.

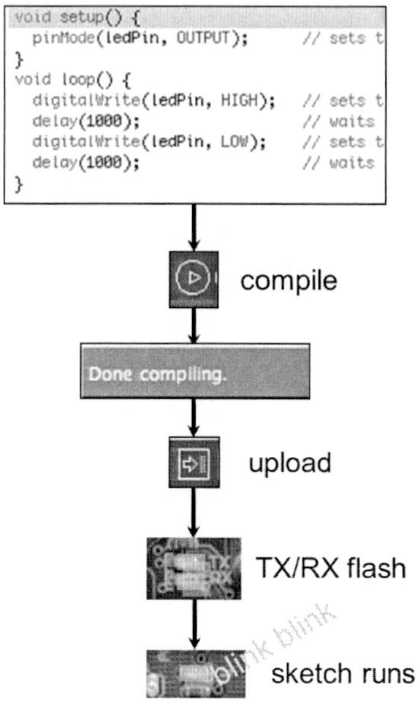

▲ **그림 14.3** 아두이노 프로그램 업로드 과정

실습 #1 아두이노 예제 실행하기

➜ 동작결과를 확인하고 기록한다.

14.2 LED 켜기

브래드 보드를 활용하여 회로를 구성한다. 그림 14.4과 같이 연결되어 있다. 이 배선을 활용하여 소자를 꽂으면 회로가 구성되어 간단히 실험할 수 있다.

▲ **그림 14.4** 미니 브래드 보드 (출처 미상)

LED에 불을 켜기 위해서는 그림 14.6과 같이 전원과 저항 그리고 LED가 연결되어 전류가 흐르면 LED에 불이 켜지게 된다.

V=I*R 이므로 5V에 다이오드 전압 강하 1.7V 면 3.3V가 저항에 걸리게 된다. 만약 저항이 330 Ω 이면 전류는 3.3 / 330 = 0.01 A = 10 mA 가 된다.

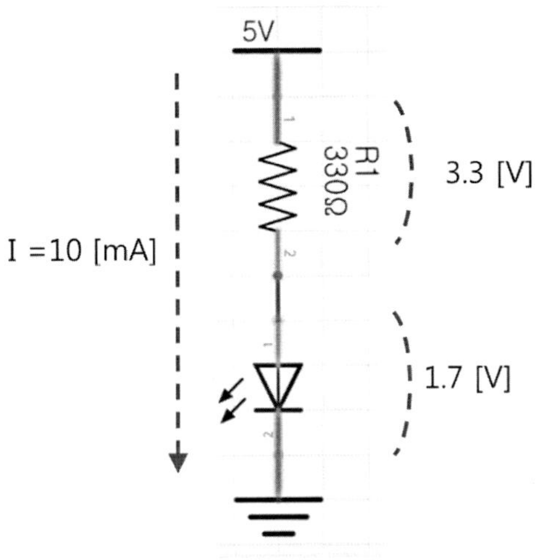

▲ 그림 14.5

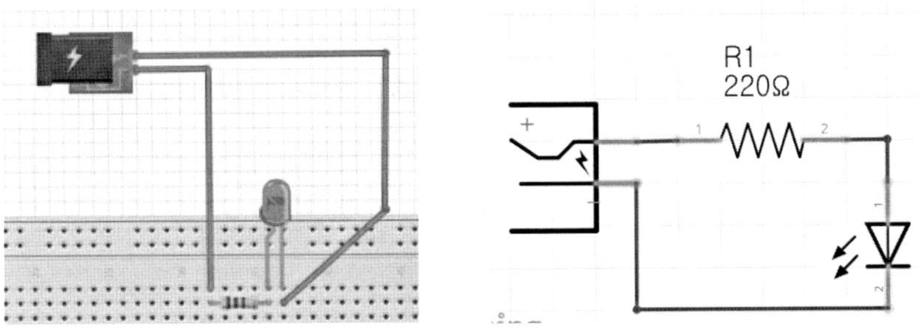

▲ 그림 14.6

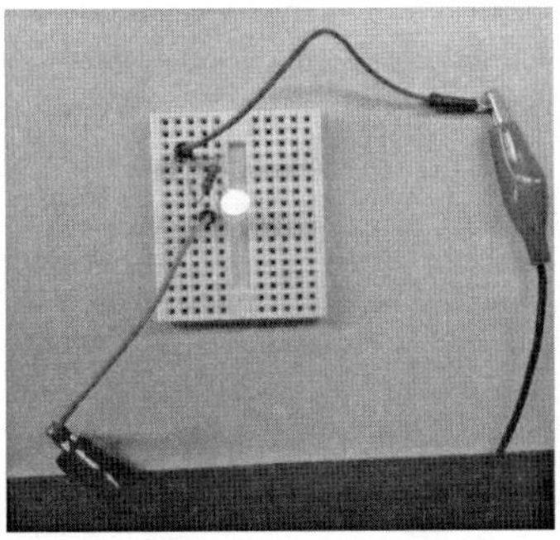

▲ 그림 14.7 LED 켜기

실습 #2 LED 켜기

➜ 동작결과를 확인하고 기록한다.

14.3 LED 깜빡이기

아두이노 보드를 이용하여 LED를 켜고 크도록 한다. 아두이노 우노보드는 14개의 디지털 입출력 핀을 가지고 있고 아날로그 입력 핀 6개 또한 디지털 입출력 핀으로도 사용이 가능하다. 아두이노 디지털 입출력 핀은 4.75 ~ 5.25 V의 전압과 최대 40 mA의 전류를 출력한다. 입력은 최대 40 mA전류의 전기 신호를 입력 가능하다. 일반적으로 LED는 20 mA의 전류가 필요하므로 디지털 출력 핀에 연결만으로도 불이 켜지게 된다.

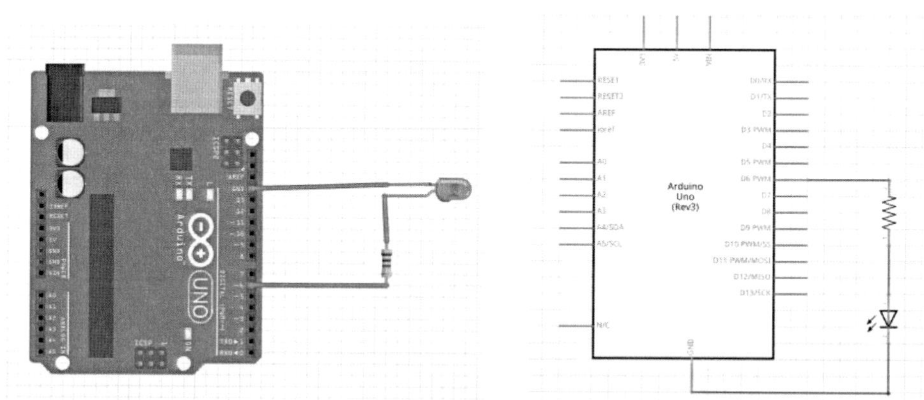

▲ 그림 14.8

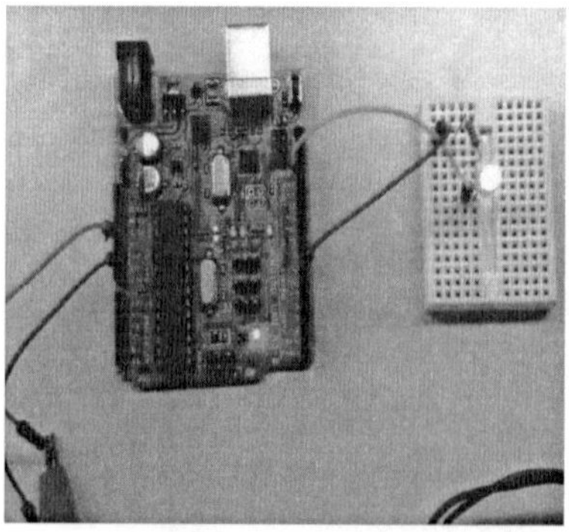

▲ 그림 14.9 LED깜빡이기

▼ Code

```
#define LED 6                                    //LED는 디지털 핀 9번 연결
void setup()
{
pinMode(LED, OUTPUT);                            //디지털 핀을 출력으로 설정
}
void loop()
{
digitalWrite(LED, HIGH);                         //LED를 켠다
delay(1000);                                     //1초동안 대기
digitalWrite(LED, LOW);                          //LED를 끈다
delay(1000);                                     //1초동안 대기
}
```

실습 #3 LED 깜빡이기

➜ Delay 시간을 변경하여 본다.

➜ 핀 번호를 변경하여 본다.

➜ 동작결과를 확인하고 기록한다.

14.4 LED 밝기 조절

아두이노 보드를 이용하여 LED의 밝기를 조절해 보자. 아두이노 우노보드는 6개의 PWM 출력 신호를 낼 수 있다. 디지털 출력 핀에 ~ 표시는 PWM 출력이 가능하다는 뜻이다.

PWM(Pulse Width Modulation)이란 디지털 출력을 이용하여 아날로그적 신호를 출력하는 방법이다. 일정한 주기로 반복되는 신호의 폭을 조절함으로 그 평균적인 값을 통하여 아날로그적 신호를 출력하게 된다. 주로 모터 제어에 널리 사용되고 있다.

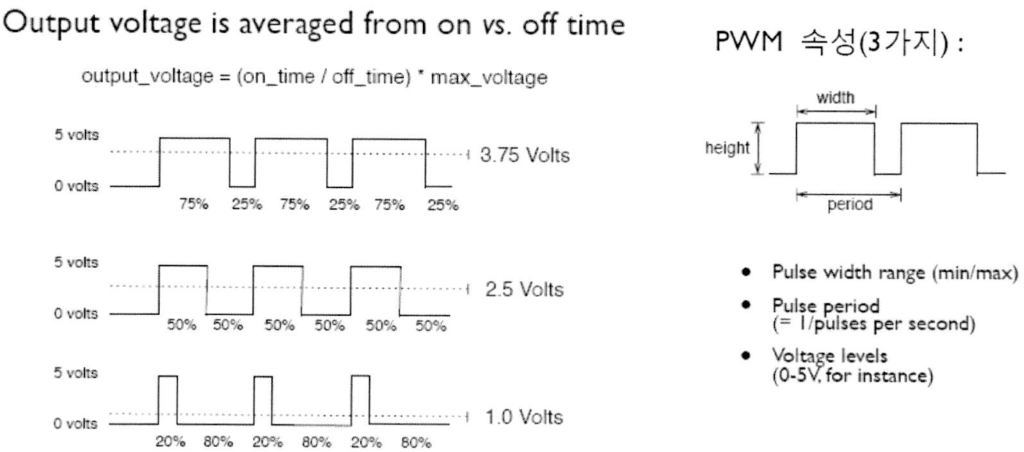

▲ 그림 14.10 PWM

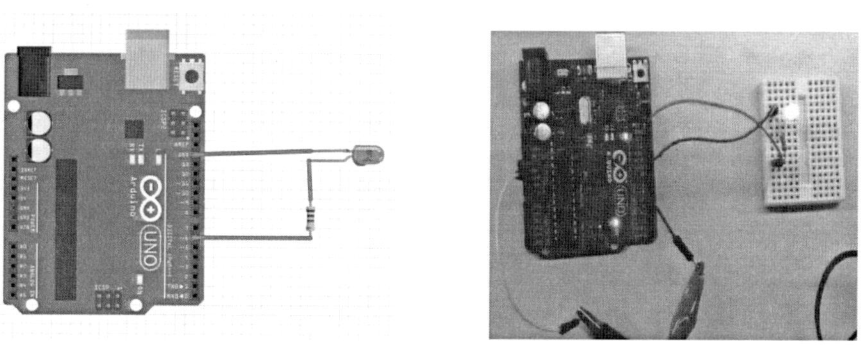

▲ 그림 14.11 PWM 실습

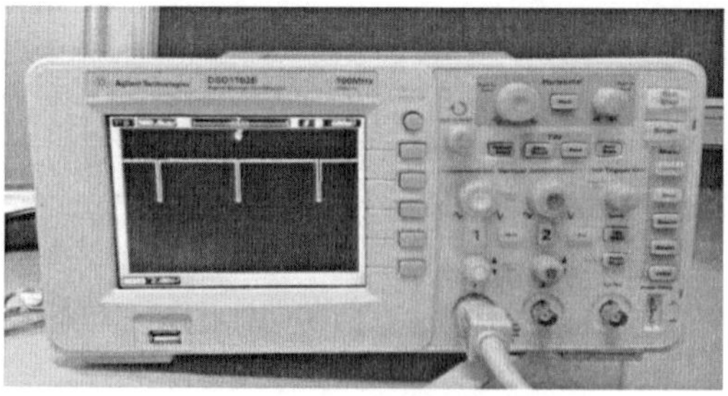

▲ 그림 14.12 PWM 신호 확인

▼ Code

```
#define LED 6                              // LED가 사용하는 핀 번호
int i = 0;                                 // 증가와 감소를 세기 위해 이 변수를 사용
void setup() {
pinMode(LED, OUTPUT);                     // 아두이노에게 LED는 출력
}

void loop(){
   for (i = 0; i < 255; i++) {                  // 0에서 254까지 // 반복 (서서히 켜짐)
     analogWrite(LED, i);                       // LED의 밝기 설정
     delay(10);                              // analogWrite의 반응이 즉각적이므로 변화를 보기 위해서 10ms 만큼 대기해야 함
     }
    for (i = 255; i > 0; i--) {                 // 255에서 1까지 // 반복 (서서히 꺼짐)
     analogWrite(LED, i);                     // LED의 밝기 설정
     delay(10);                              // 10초간 대기
     }
}
```

실습 #4 LED 밝기 조절

➔ PWM 신호를 오실로스코프로 확인한다.

14.5 스위치 입력으로 LED 조절

디지털 신호란 0과 1로 이루어진다. 0은 LOW로 표시하고 전압으로는 0V(GND) 이며 1은 HIGH로 표시하고 전압으로는 입력 전압으로 5V가 된다. 디지털 출력은 0(LOW)과 1(HIGH)을 전압 신호로 0V(LOW)와 5V(HIGH)로 출력하게 되고 디지털 입력은 반대로 0V(LOW)와 5V(HIGH)의 전압 신호를 받아 들여서 0(LOW)과 1(HIGH)로 판별하게 된다.

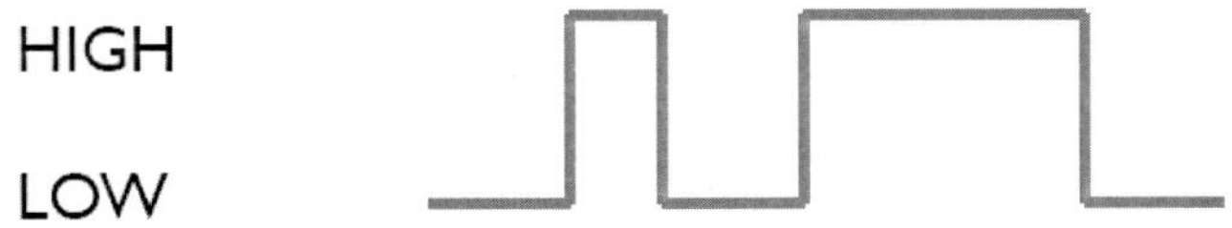

▲ 그림 14.13 디지털 신호

디지털 입력을 만들기 위하여 흔히 사용되는 것이 스위치이다. 스위치는 전선을 물리적으로 연결하거나 끊는데 사용하는 부품이다.

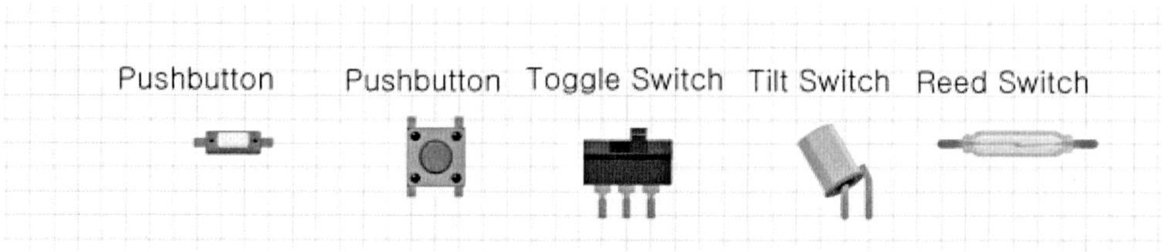

▲ **그림 14.14** 다양한 스위치

디지털 입력 핀에 회로 연결이 되지 않을 경우는 정해지지 않은 값으로 전압 값이 변동하며 일정한 값을 갖지 못하여 불안정해 질 수 있다. 이러한 상태를 방지하기 위하여 5V 또는 0V에 연결하여 두는 것이 Pull-up 또는 Pull-down이라고 한다.

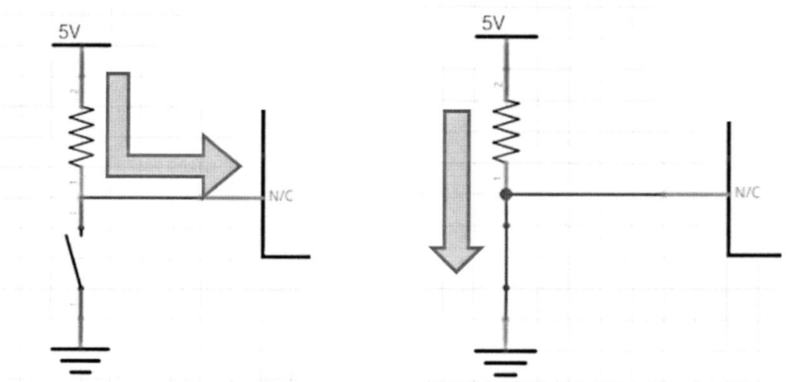

▲ **그림 14.15** 풀 업 (Pull-up) 저항

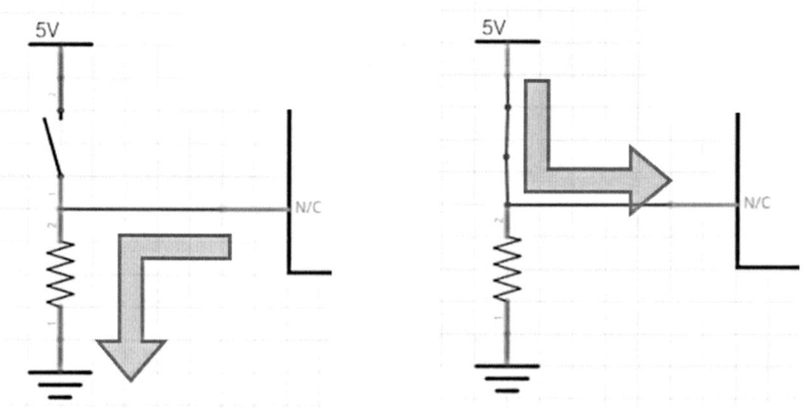

▲ **그림 14.16** 풀 다운 (Pull-Down) 저항

풀 업의 경우에는 5V에 연결되어 항상 1 (HIGH)의 상태에 있다가 스위치가 연결되면 0V (GND)에 연결되어 0 (LOW)의 상태가 된다. 풀 다운의 경우는 반대로 0V (GND)에 연결되어 0 (LOW)의 상태에 있다가 스위치가 연결되면 5V가 연결되어 1 (HIGH)의 상태가 된다.

풀 다운으로 스위치를 회로를 구성하여 본다.

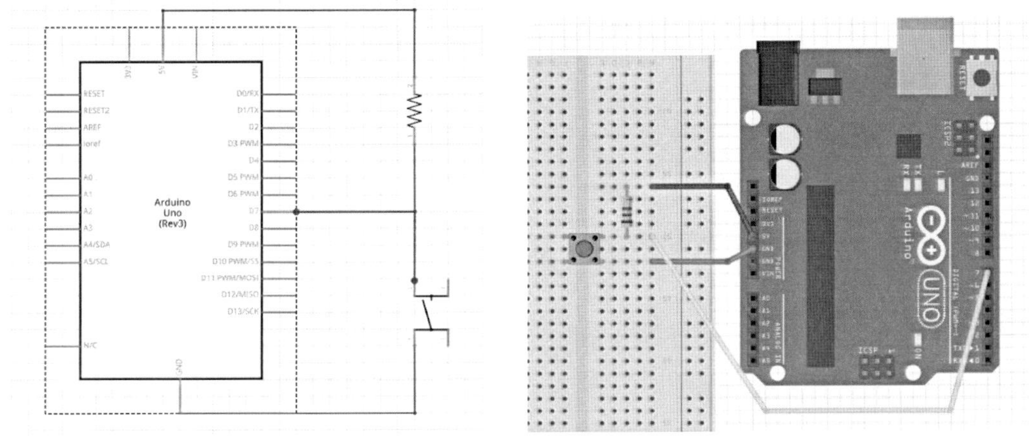

▲ 그림 14.17 회로도

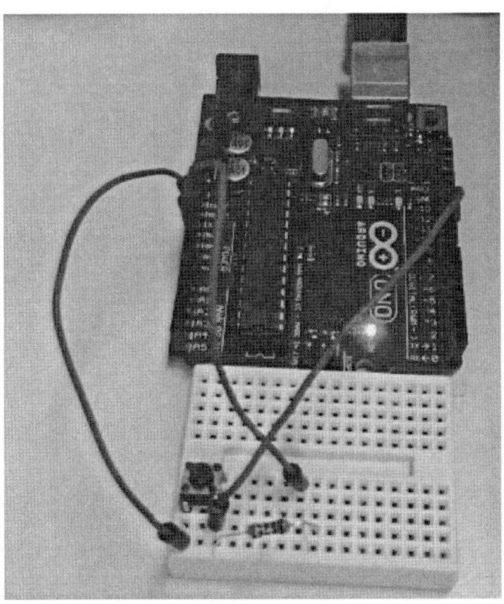

▲ 그림 14.18 실습

▼ Code

```
#define LED 13                      // LED가 사용하는 핀 번호
#define BUTTON 7                    // 푸쉬버튼이 연결되어 있는 입력 핀 번호
int val = 0;                        // val은 입력 핀의 상태를 저장하기 위해 사용됨

void setup() {
pinMode(LED, OUTPUT);               // 아두이노에게 LED는 출력
pinMode(BUTTON, INPUT);             // BUTTON은 입력임을 알려줌
}

void loop(){
  val = digitalRead(BUTTON);  // 입력 값을 읽어 저장 입력이 HIGH (버튼이 눌림) 인지 검사
  if (val == HIGH) {
  digitalWrite(LED, HIGH);          // LED 켬
  delay(100);
  } else {
  digitalWrite(LED, LOW);
  delay(100);
  }
}
```

실습 #5 스위치 입력으로 LED 조절

➜ 채터링 방지를 위한 코드를 작성한다.

14.6 센서 입력으로 LED 밝기 조절

자연현상에서 발생하는 연속적인 신호를 아날로그 신호라고 한다. 마이크로 프로세서는 디지털 회로이므로 디지털 신호로 변환하여야 한다. 아두이노는 아날로그 신호를 디지털 신호로 변환하여 입력이 가능한 6개의 핀이 있다.

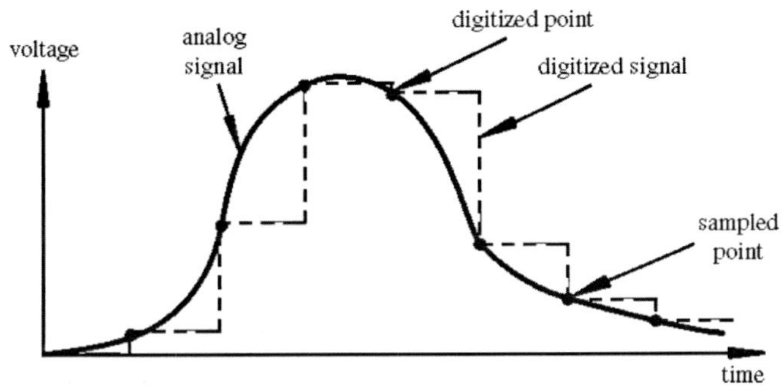

▲ 그림 14.19 아날로그 신호 (출처 미상)

아두이노는 0V ~ 5V 사이의 아날로그 신호를 10 bits 의 디지털 신호 즉 2^10 = 1024 구간으로 나누어 입력을 받게 된다. 0V는 0, 5V는 1023 값을 읽게 된다. Bits 가 높을수록 더욱 세밀하게 변환이 가능하게 된다. 이 bits를 분해능 (resolution)이라고 한다. 10 bits의 경우 5V/1024 = 4.8 mV 의 작은 전압 변화까지 측정이 가능하다.

일반적인 센서의 출력은 저항 변화로 인한 아날로그 신호가 출력된다. 이러한 아두이노는 아날로그 입력 핀이 있음으로 센서의 입력이 가능하다.

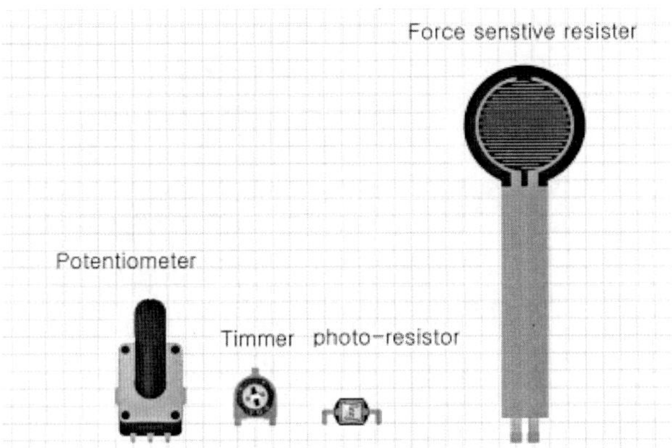

▲ 그림 14.20 저항 변화 센서

조도 센서는 빛의 세기에 따라 저항값이 변화는 센서이다. 이 센서를 이용하여 LED의 밝기를 조절하여 보자.

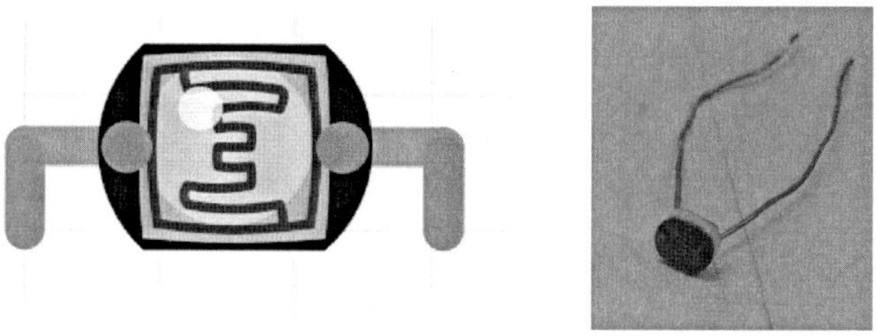

▲ **그림 14.21** 조도 센서

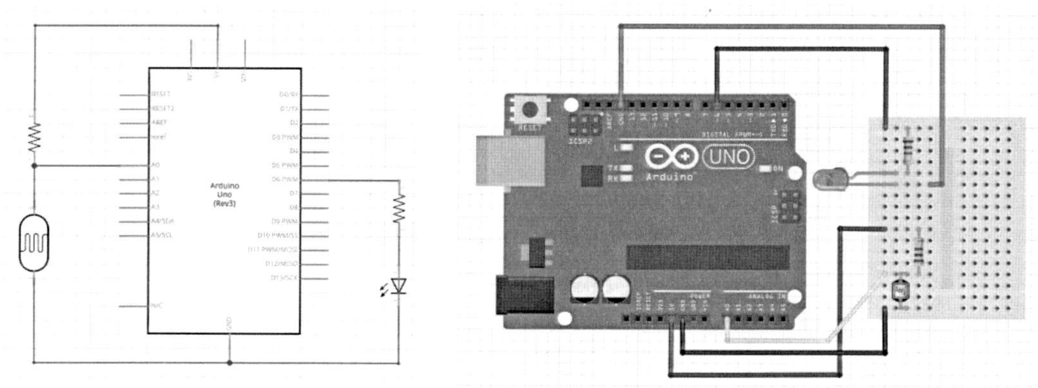

▲ **그림 14.22** 회로도

▲ **그림 14.23** 조도 센서 실습

▼ Code

```
#define LED 6                    // LED가 사용하는 핀 번호
int val = 0;                     // 센서에서 들어오는 값을 저장하기 위한 변수

void setup() {
pinMode(LED, OUTPUT);          // LED는 출력
                               //참고: 아나로그 핀들은 자동으로 입력으로 설정됨

}

void loop() {
val = analogRead(0);          // 센서로 부터 값을 읽음

analogWrite(LED, val/4);      // 센서에서 받은 밝기 값으로 LED를 켠다

delay(10);                     // 일정 시간 만큼 프로그램을 멈춤

}
```

실습 #6 센서 입력으로 LED 밝기 조절

➜ 센서 입력에 따른 아날로그 값과 디지털 출력 값의 변화를 확인한다.

CHAPTER

15 아두이노 모터 응용

학 과	기계공학과	교과목	기계공학실험(Ⅰ)	학 년	2	조편성	조
실험실		실험내용	아두이노 모터 응용	학 번		성 명	

15.1 RC 서보 모터 구동

RC서보모터란 일반적인 DC 모터와는 달리 펄스의 주기로 정, 역, 정지의 동작을 하는 특수모터입니다. 좌우 90도 이내의 각도를 움직이므로 커다란 감속비를 채용하여 상대적으로 큰 힘을 낼 수 있으며 RC서보모터는 일찍이 모형제품의 움직임 용으로 많이 이용되어 왔으나, 최근에는 로봇의 관절을 움직이게 하는 구동장치로 사용하고 있습니다.

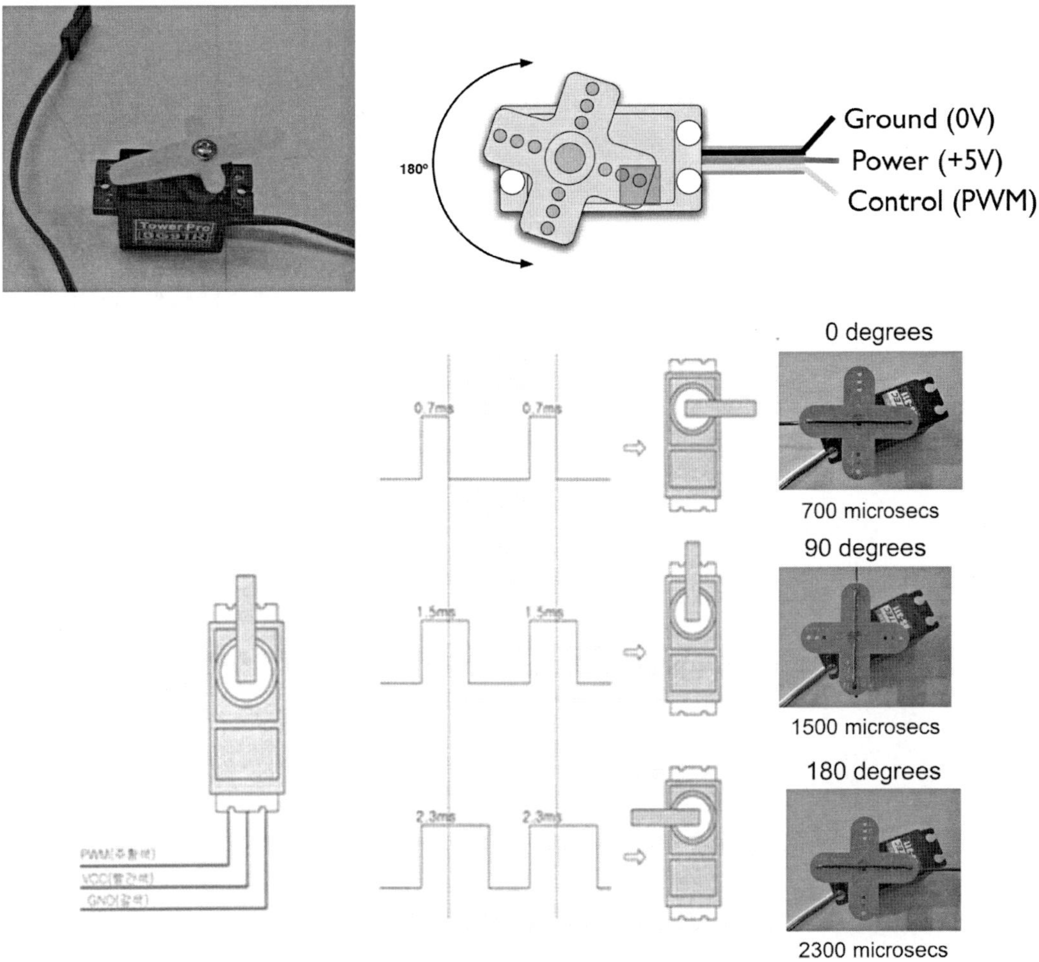

▲ **그림 15.1** RC서보 모터 구동 (출처 미상)

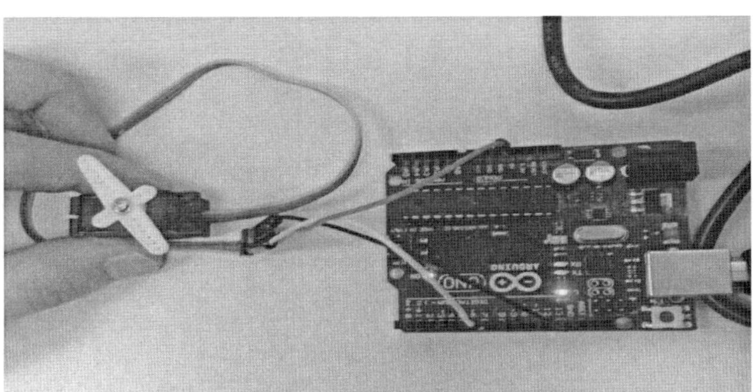

▲ **그림 15.2** RC 서보 모터 구동

▼ Code

```
#include<Servo.h>                          // 서보 라이브러리
Servo motor1;                              // 서보 모터 오브젝트
int position = 0;

void setup(){
  motor1.attach(9);                              // 서보 모터를 9번에 연결
}

void loop(){
for(int position = 0; position < 180;position += 2)       // 0도에서 180까지 2도씩 증가
   {
    motor1.write(position);                                // 모터를 position만큼회전
    delay(20);                                        // 모터가 돌 때까지 기다림.
     }

for(int position = 180; position >= 0;position -= 2)       //180도에서 0도까지 2도씩 감소
    {
    motor1.write(position);                           // 모터를 position만큼회전
    delay(20);                                       // 모터가 돌 때까지 기다림.
    }

}
```

실습 #6 RC 서보 모터 구동

➜ RC 서보 모터를 원하는 위치로 구동하여 본다.

15.2 DC 모터 구동

DC 모터는 제어가 쉽고 효율이 좋아서 정밀 구동기계에 널리 사용된다. 플래밍의 왼손 법칙으로 자기장에 놓인 도선에 전류가 흐르면 힘이 발생하는 원리이다.

$$V = R_a I_a + K_E \Omega$$

$$I_a = \frac{V - K_E \Omega}{R_a}$$

$$T = K_T I_a = \frac{K_T}{R_a}(V - K_E \Omega)$$

R_a : 전깁자 저항, I_a : 전기자 전류

위 식으로 간단한 모델링이 가능하여 제어하기가 쉽다.

속도는 전압에 비례하고 힘은 전류에 비례하여 발행한다.

아두이노는 다양한 확장 보드가 서드 파티 회사에서 제공한다. 그 중 DC 모터 드라이버를 이용하여 DC 모터를 구동하여 본다. DC 모터는 PWM으로 구동되고 전압의 크기에 비례하여 속도가 조절된다. DC 모터와 리니어 가이드를 연결하여 구동하여 본다.

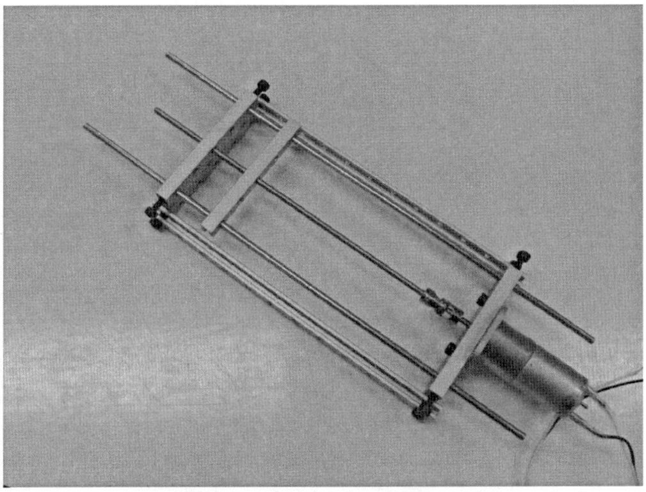

▲ **그림 15.3** DC 모터와 리니어 가이드

▲ **그림 15.4** DC 모터 확장 보드

▼ Code

```
int E1 = 5;                //motor1 direction
int M1 = 4;                //motor1 PWM
int E2 = 6;                //motor2 dirction
int M2 = 7;                //motro2 PWM

void setup()
{
    pinMode(M1, OUTPUT);
    pinMode(M2, OUTPUT);
}

void loop()
{
   int value;
   for(value = 0 ; value <= 255; value+=5)
   {
      digitalWrite(M1,HIGH);
      digitalWrite(M2, HIGH);
      analogWrite(E1, value);   //PWM Speed Control
      analogWrite(E2, value);   //PWM Speed Control
      delay(30);
   }
}
```

실습 #6 DC 모터 구동

➜ PWM에 따른 DC 모터의 속도를 조절하여 본다.

15.3 스텝 모터 구동

스텝 모터는 저가로 Open-loop 제어가 가능하고 센서 없이 서보 기구를 구성할 수 있으며 위치 결정 오차가 누적되지 않는 장점이 있다. 단점은 Step 운동을 하고 탈조의 염려가 있어 최대 Power를 이용하기 힘들고 분해능이 그다지 높지 않다.

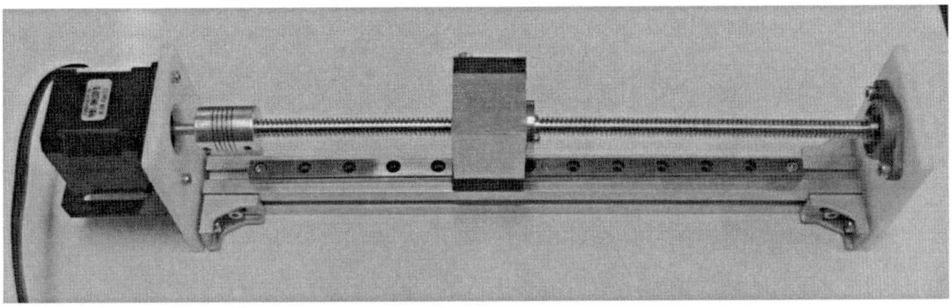

▲ **그림 15.5** 스텝 모터를 이용한 리니어 스테이지

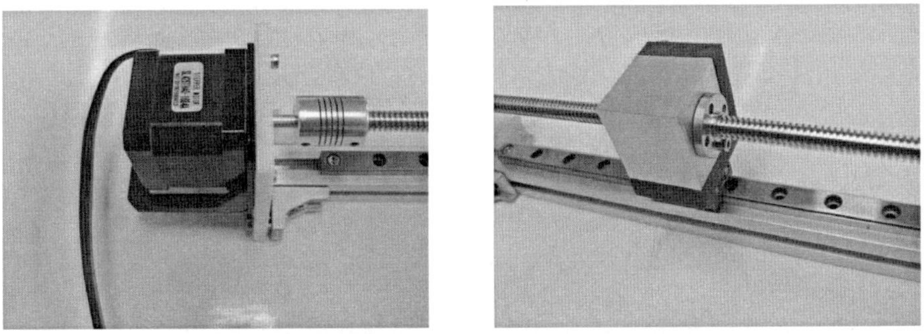

▲ **그림 15.6** 커플링과 스크류 너트 그리고 리니어 가이드

▲ **그림 15.7** 3축 스텝 모터용 CNC 확장 보드

일반적인 2상 스텝 모터의 분해능은 $R = 1.8°/pulse$로 회전한다. 나사에서 산과 산 사이를 피치 (pitch)라고 한다. 스크류가 한번 회전할 때 이동하는 거리를 리드 (lead)라고 하고 한번 회전할 때 이동한 피치를 줄이라고 한다. 만약 1 피치를 이동하면 1줄 나사, 피치를 이동하면 2 줄 나사가 된다.

따라서 이동거리 공식은

$$l = p^* n \text{이다.}$$

스텝모터 리니어 가이드 시스템에서 최소 이동거리인 펄스당 이동거리를 구하면 아래와 같다.

$$\text{1회전의 총 펄스량 } N = \frac{360}{R}$$

$$\text{최소 이동거리 } P = \frac{1}{360} R$$

가 된다.

예제 스테핑 모터 분해능이 1.8°/pulse이고 피치가 5 mm, 나사 줄 수가 2인 나사를 사용한다면 500[pulse]를 입력할 경우 이동 거리를 구하라.

1) 최소 이동 거리는

$$P = \frac{1}{360} R = \frac{2 \times 5}{360} \times 1.8 = 0.05[\text{mm}]$$

2) 이동 거리는

$$L = P \times I = 0.05 \times 500 = 25[\text{mm}]$$

▼ Code

```
#define EN  8
#define x_dir    5
#define x_stp    2

void setup() {
  pinMode(EN, OUTPUT);                    // driver on/off
   pinMode(x_dir, OUTPUT);                // motor direction
  pinMode(x_stp, OUTPUT);                 // motor pluse

}

void loop() {
  digitalWrite(EN, LOW);                  // low : motor driver on
  digitalWrite(x_dir, HIGH);              // High : motor trun Clockwise

for(int i=0; i<=200;i++){                 // 200 pluse - 1 rev
  digitalWrite(x_stp, HIGH);
  delayMicroseconds(250);                 // pulse duration - speed
  digitalWrite(x_stp,LOW);
  delayMicroseconds(250);
    }
 delay(1000);

digitalWrite(x_dir,LOW);                 //Low : motor turn Counter Clockwise
 for(int i=0; i<=200;i++){
  digitalWrite(x_stp, HIGH);
  delayMicroseconds(250);
  digitalWrite(x_stp,LOW);
  delayMicroseconds(250);
    }
 digitalWrite(EN, HIGH);                 // High : motor driver off
 delay(1000);
}
```

▼ **Code** 가감속 라이브러리 코드

```
#define EN        8
#include <AccelStepper.h>                        //Accel library
#include <MultiStepper.h>                        //Multi step library

AccelStepper stepper1(AccelStepper::FULL2WIRE, 2,5);
AccelStepper stepper2(AccelStepper::FULL2WIRE, 3,6);

MultiStepper steppers;

void setup() {
  Serial.begin(9600);

  // Configure each stepper
  stepper1.setMaxSpeed(4000);
  stepper2.setMaxSpeed(2000);

  // Then give them to MultiStepper to manage
  steppers.addStepper(stepper1);
  steppers.addStepper(stepper2);
   pinMode(EN, OUTPUT);
  digitalWrite(EN, LOW);
}

void loop() {
  long positions[2]; // Array of desired stepper positions

  positions[0] = 500;
  positions[1] = 1000;
  steppers.moveTo(positions);
  steppers.runSpeedToPosition(); // Blocks until all are in position
  delay(1000);

  // Move to a different coordinate
  positions[0] = -500;
  positions[1] = -1000;
  steppers.moveTo(positions);
  steppers.runSpeedToPosition(); // Blocks until all are in position
  delay(1000);
}
```

CHAPTER

16

MATLAB프로그래밍과 활용

학 과	기계공학과	교과목	기계공학실험(Ⅰ)	학 년	2	조편성	조
실험실		실험내용	MATLAB프로그래밍과 활용	학 번		성 명	

16.1 실험목적

MATLAB의 개요를 이해하고 기본 명령어들을 학습하여 다양한 수치 계산을 위한 프로그래밍을 실습하고 이를 통하여 복합 수치해석을 위한 기초를 다진다.

① MATLAB의 다양한 기능들을 학습한다.

② 스칼라의 산술연산 및 기본 수학함수를 사용한다.

③ 스칼라 변수들 (할당 연산자)의 정의 및 변수들의 사용 방법을 학습한다.

④ MATLAB 프로그램의 작성, 저장 및 실행을 학습한다.

16.2 관련이론

1 MATLAB의 특징

① MATrix LABoratory에서 유래한다.

② Interpreter 방식의 언어이다.

③ 수학계산 및 가시화 (visualization)에 편리하며 과학적 프로그래밍 환경을 제공한다.

④ 행렬 연산에 매우 유리하다.

⑤ 선형대수, 데이터 분석, 신호처리, 수치적분 등 많은 과학계산용 내장함수를 제공한다.

⑥ 사용자에 의한 함수 작성이 편리하고 배우기 쉽고 사용이 편하다.

⑦ 다양한 분야의 광범위한 Toolbox를 제공한다.

2 MATLAB의 인터페이스

1) 데스크탑 창

① MATLAB 소프트웨어의 버전에 따라 인터페이스가 다르나 기본 기능은 모두 포함되어 있다 (여기서는 최신버전인 R2019a를 사용한다).

② MATLAB을 실행하면, 데스크탑 창이 열리며, 기본 화면에는 명령 창 (command window), 현재 폴더 (current directory), 작업 공간 (workspace)등 여러 개의 작은 창이 포함되어 있다.

③ 상단부 탭으로는 홈 (home), 플롯 (plot), 앱 (App)이 있다. 윗왼쪽 하단부에 있는 Start 버튼을 이용하여 MATLAB의 여러 도구와 기능에 접근할 수 있다.

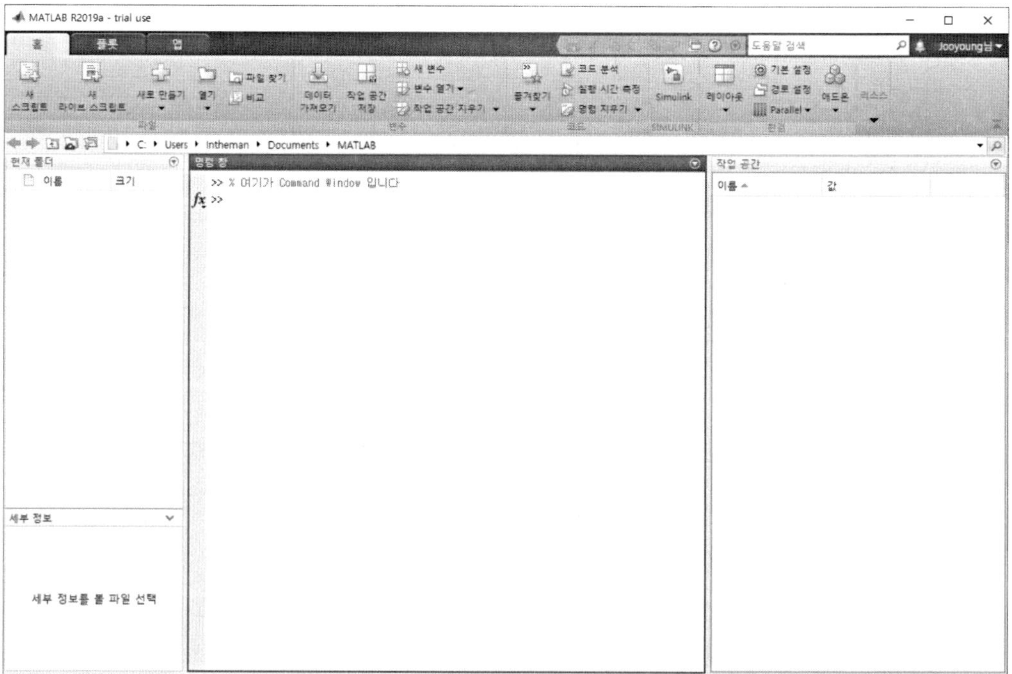

2) 명령어 창 (command window)

① MATLAB을 실행시키면 나타나는 메인 창이다.

② 상단부 홈 탭에서 우편의 레이아웃 탭을 선택하면 다양한 창을 선택할 수 있다. 명령 창만 (command window only)를 선택하면, 명령어 창 하나만 보인다.

Default Desktop Layout

Command Window Only

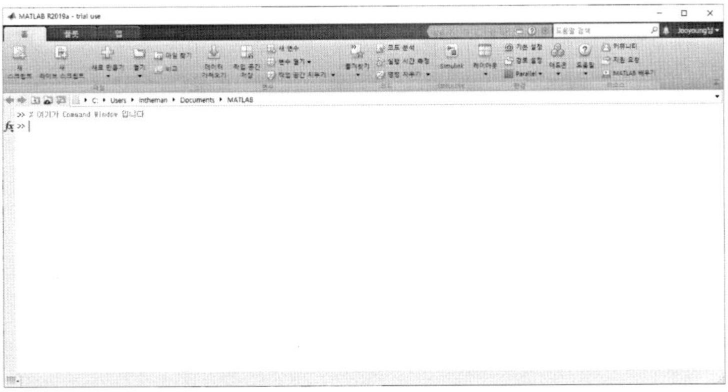

Plot Tab

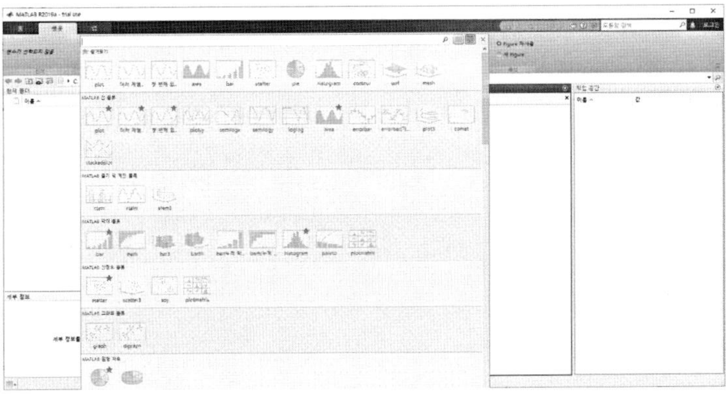

App Tab

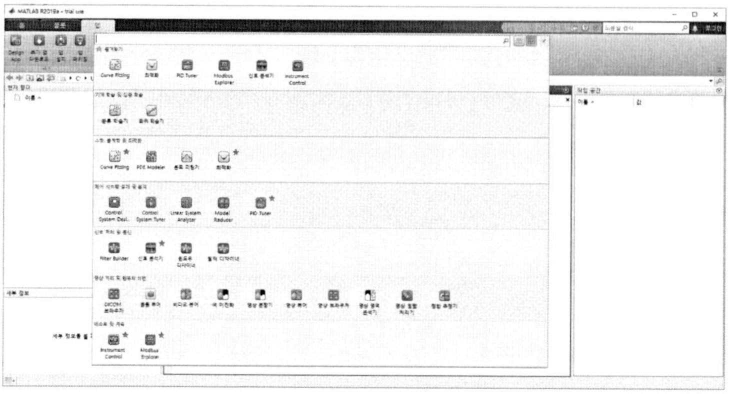

3) 도움 창 (help window)

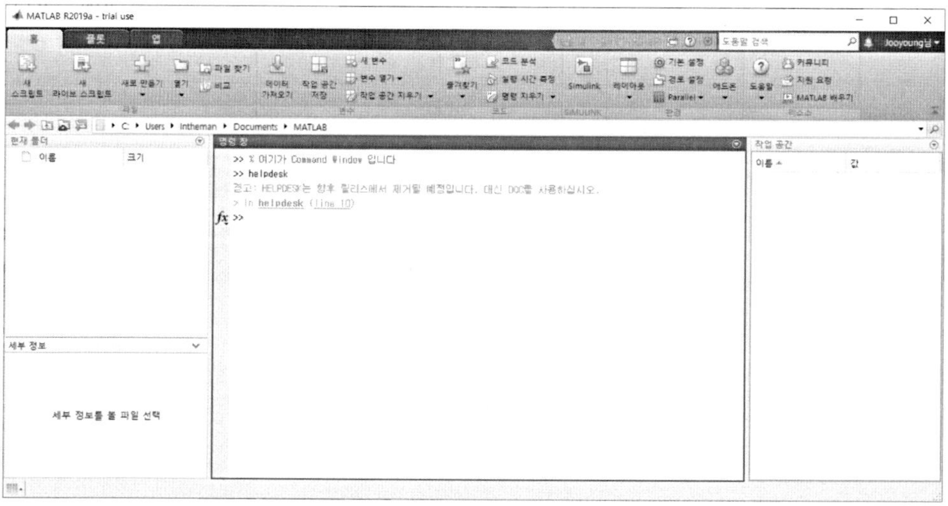

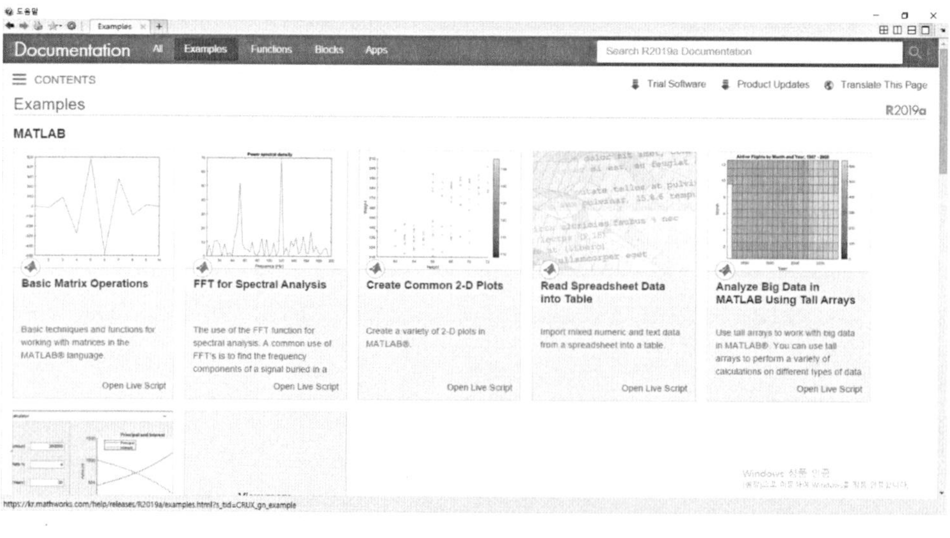

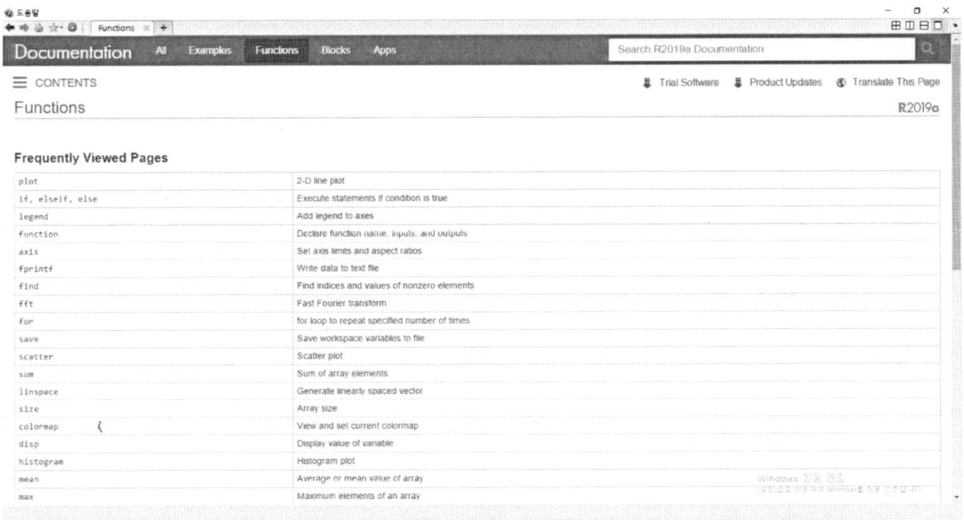

① 명령 창에 'helpdesk'라고 입력을 하면 도움 창이 나타난다.

② 도움 창 상반부 탭에서 기본 이론, 예시, 함수 등을 검색하여 학습할 수 있다.

③ 또한 다른 모듈 적용을 위한 블록 탭과 앱 탭도 확인할 수 있다.

4) 기타 창 (other windows)

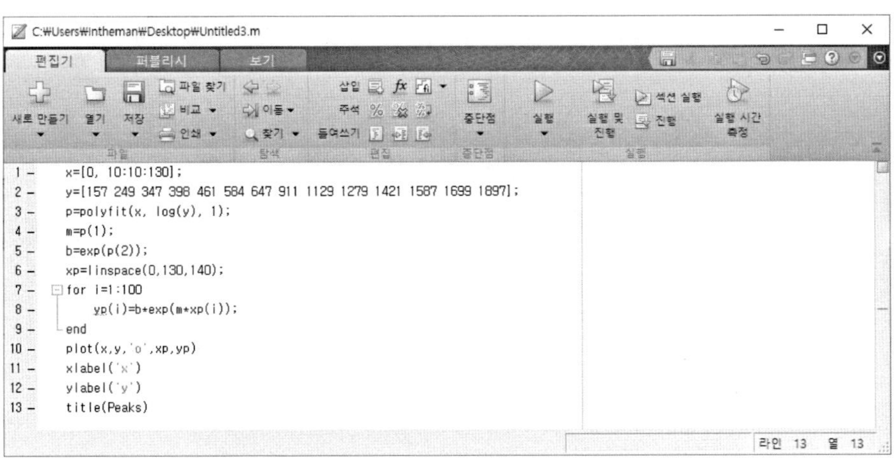

Editor Window

① 플롯 메뉴에서 새 스크립트 (구버전에서는 새 파일)를 클릭하면 편집기 (editor) 창이 나타난다.

② 편집기 창은 프로그램을 작성 및 편집하여 에러를 미리 확인해볼 수 있다.

③ 프로그램이 길어지면 명령창에 입력하기 어렵고 저장이 안되므로 편집기로 작성하여 파일로 저장하고 파일명을 명령 창에 입력하여 실행하는 방법으로 진행한다.

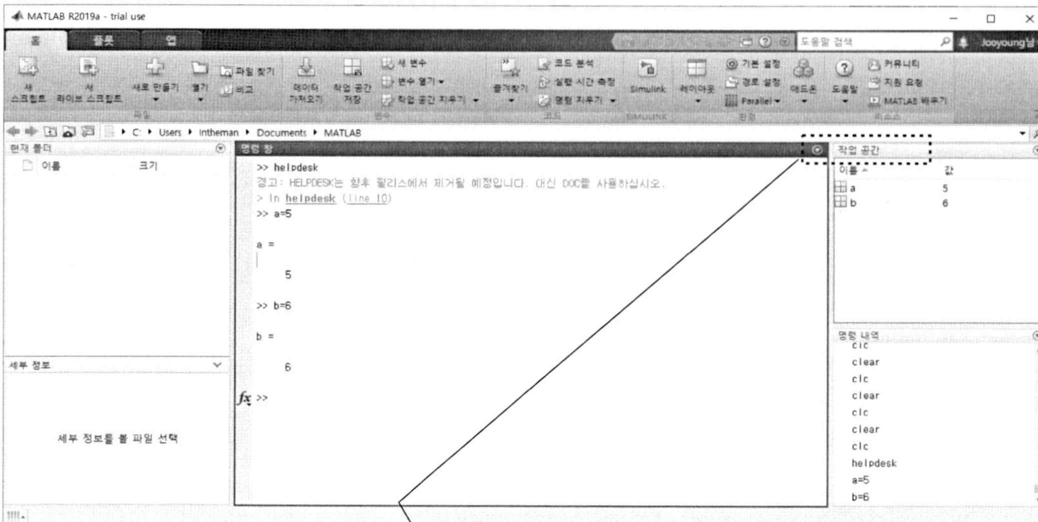

Workspace Window Command History Window

④ 작업 공간 창 (workspace window)은 사용된 변수들에 대한 정보를 제공한다 (변수에 스칼라 값을 지정했을 시, 이 정보가 표시됨).

⑤ 명령 내역 창 (command history window)은 명령어 창에서 입력된 명령어들이 기록된다. 명령 내역에 있는 명령어를 재실행하려면 드래그, 복사-붙이기, 더블 클릭 모두 가능하다.

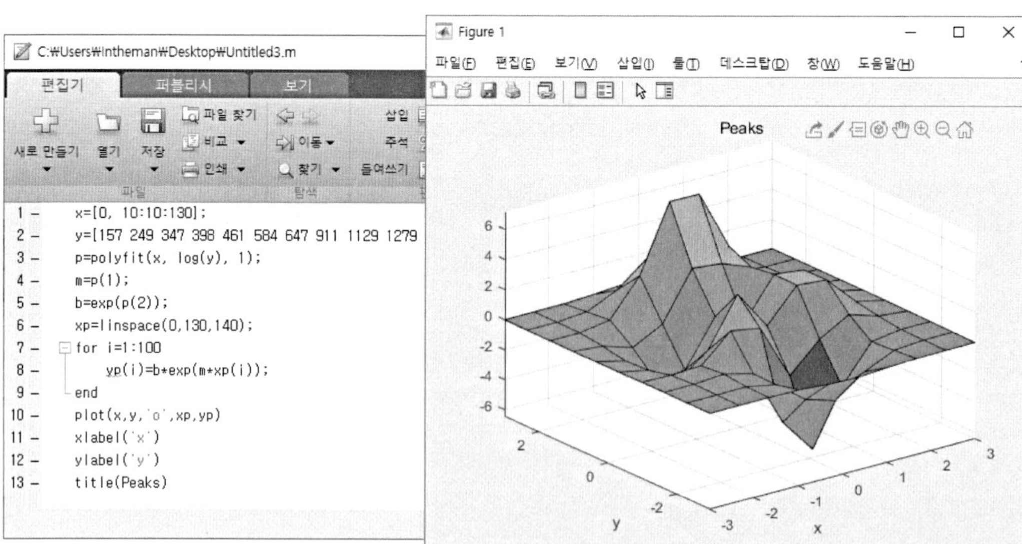

⑥ 그림 창 (figure)은 편집기 또는 명령 창에서 'plot' 등과 같은 그리기 명령어를 입력하면 새로운 창으로 나타난다.

3 명령어 창에서의 작업

① 명령어 창은 MATLAB의 메인 창으로 명령어의 실행, 사용자가 작성한 프로그램의 실행, 다른 창 열기, block 및 app 실행 등에 사용된다.

② 명령어 입력을 위해서는 커서 | 가 프롬프트 >> 바로 뒤에 놓여야 한다.

③ 명령어 창에 >>가 나타나지 않을 경우, 명령어 진행 중이므로 진행을 멈추면 다시 나타나며 이 후 추가 명령어를 실행할 수 있다.

④ 명령어를 표시하고 Enter 키를 누르면, 명령어가 실행된다. 항상 직전에 입력한 명령어만 실행되며, 전에 실행된 다른 명령어들은 그대로 있다.

⑤ 명령어 창에서 커서를 윗줄로 옮겨서 이전 명령어를 수정하여 다시 실행시키는 것은 불가능하다.

⑥ 명령어와 명령어 사이에 콤마 (,)를 넣어 여러 명령어를 한 줄에 출력 및 표시할 수 있으며, Enter 키를 누르면 왼쪽에서 오른쪽 순서대로 명령어가 수행된다.

⑦ 위쪽 방향키 ↑를 누를 때마다 이전에 입력했던 명령어가 역순으로 프롬프트 >> 다음에 나타난다. 명령어가 >> 다음에 나타나면, 명령어를 방향키 등을 활용하여 원하는 부분을 수정하거나 그대로 실행시킬 수 있다. 아래쪽 방향키 ↓는 위쪽 방향키와 반대의 순서대로 이전 명령어들을 불러낼 수 있다.

⑧ 명령어가 너무 길어 한 줄에 쓸 수 없는 경우, 마침표 세 개 (...)를 찍고 Enter 키를 누르면 다음 줄에서 이어서 쓸 수 있다 (총 4096 글자까지).

⑨ 명령어 창에 명령어를 표시하고 Enter 키를 누르면, 명령어가 실행되어 출력이 명령어 창에 표시되는데, 명령어 끝에 세미콜론 (;)을 붙이면 데이터 입력은 되지만 출력이 표시되지 않는다.

⑩ 세미콜론은 결과의 양이 상당히 많거나 결과를 이미 알고 있을 때 유용하다.

⑪ 여러 명령어를 한 줄에 쓸 때 명령어와 명령어 사이에 콤마 대신 세미콜론을 쓰면 출력이 화면에 표시되지 않는다.

⑫ 기호 %를 명령어 줄 제일 앞에 쓰면 이 줄은 주석문 (comment)으로 지정되어 Enter 키를 눌러도 실행이 되지 않고 화면에 표시만 된다. 같은 줄에서 명령어 다음에 % 기호와 텍스트를 같이 쓰게 되면, 주석문은 명령어의 수행에 전혀 영향을 주지 않는다.

⑬ 일반적으로 명령어 창에서 주석문을 붙일 필요는 없으나, 프로그램에서는 기술할 사항을 추가하거나 프로그램 설명을 위해 종종 주석문을 사용한다.

⑭ clc 명령어는 명령어 창에서 입력한 명령어들과 결과 출력물들을 지워서 명령어 창을 깨끗이 만든다.

⑮ 'clc' 명령어로 이전에 수행된 어떠한 것도 변하지는 않으며, 이전에 정의된 변수들도 존재하며 재사용이 가능하다. 방향키 ↑를 이용하여 이전 명령어를 불러낼 수도 있다.

⑯ 'clc'와는 다르게 'clear' 명령어는 입력된 값들을 초기화 한다.

⑰ 그 외 많이 사용되는 일반 명령어는 다음과 같다.

clc	명령창의 내용만 모두 지운다
exist ('var')	'var' 이름의 파일이나 변수가 있는지 확인한다
Clear	할당된 변수들의 값을 초기화 한다
quit	MATLAB을 끝낸다
helpwin, helpdesk	도움말 창을 연다
help 명령어	명령창에서 '명령어'에 대한 간단한 설명을 보여준다
lookfor 단어	단어와 관련된 명령어를 찾아준다
cd	디렉토리 위치를 변경하거나 현재 위치를 알려준다

⑱ 명령 내역 창 (command history window)은 명령 창에서 그 동안 입력했던 명령어들의 목록을 보여주며, 현재 및 이전에 입력했던 명령어들도 포함된다.

⑲ 명령 내역 창에 있는 명령어들은 명령어 창에서 다시 사용할 수 있다.

⑳ 명령 내역 창에서 원하는 명령어를 마우스로 명령 창으로 끌고 올 수 있으며 (drag), 필요하면 ← 또는 → 화살표를 이용하여 원하는 위치에서 명령어를 추가하거나 수정하고 Enter 키를 눌러 실행시킬 수 있다.

㉑ 명령어기록 창에서 원하는 명령어를 마우스로 더블 클릭 (double click)하면 해당 명령어가 바로 실행되며 복사-붙이기 (copy-paste) 또한 가능하다.

㉒ 명령어기록 창에 있는 명령어들은 원하는 명령어들을 선택한 후 키보드의 delete 키를 누르거나 Edit 메뉴에서 Delete Selection을 선택하여 삭제할 수 있다. 또는 삭제하기 위해 선택한 명령어들 위에서 마우스 우측 버튼을 눌러 나온 팝업메뉴에서 Delete Selection을 선택해도 된다.

16.3 실습내용

1 스칼라 산술 연산

1) MATLAB에서 사용하는 산술연산자들의 기호

연산	기호	예
덧셈	+	9+3
뺄셈	−	9-3
곱셈	*	9*3
오른쪽 나눗셈	/	9/3
왼쪽 나눗셈	\	9\3 (=3/9)
지수연산	^	9^3 (=9^3)

왼쪽 나눗셈을 제외한 나머지 기호들은 대부분의 계산기에서와 같다. 스칼라의 경우, 왼쪽 나눗셈 (left division)은 오른쪽 나눗셈 (right division)의 역수이지만, 배열에 대한 연산에 대해서는 왼쪽 나눗셈이 주로 사용된다.

2) MATLAB에서의 산술 연산 우선 순위

우선순위	수학 연산
1순위	괄호 (괄호가 중첩된 경우, 가장 안쪽의 괄호부터 수행됨)
2순위	거듭제곱
3순위	곱하기, 나누기 (우선순위가 동등함)
4순위	더하기와 빼기

① 여러 연산이 포함된 식에서, 우선 순위가 더 높은 연산이 더 낮은 연산보다 먼저 수행된다.

② 둘 이상의 연산이 같은 우선순위를 가지면, 왼쪽에서 오른쪽으로 식이 수행된다.

③ 계산 순서를 바꾸기 위해 괄호를 사용할 수 있으며 MATLAB에서는 모든 수식을 한 줄로 표시하므로 에러를 줄이기 위하여 괄호의 사용이 중요하다.

④ MATLAB에서 산술연산은 명령어 창에 수식을 입력한 후 Enter 키를 누르면 계산이 되며, 그 다음 두 줄에 걸쳐 'ans='과 결과 (답)가 표시된다.

예제 1 다음 명령어를 MATLAB에 입력하여 산술 연산을 하여라.

```
>> 4+6/2                          % 6/2가 먼저 수행됨
>> (4+6)/2
>> 1+2/3+4                        % 2/3이 먼저 수행됨
>> 2^3/4                          % 2^3이 먼저 수행됨
>> 27^(1/3)+32^0.2 % 27^(1/3)+32^0.2
>> 23^1/2+34^0.4                  % (23^1)/2 + 34^0.4
>> 0.7854-(0.7854)^3/(1*2*3)+0.785^5/…
(1*2*3*4*5)-(0.785)^7/(1*2*3*4*5*6*7)
```

2 MATLAB 삼각함수

① 각이 라디안 단위일 때 삼각함수는 sin(x), cos(x), tan(x), cot(x)이고 역삼각함수는 asin(x), acos(x), atan(x), acot(x)이다.

② 각이 도 (degree) 단위일 때 삼각함수는 sind(x), cosd(x), tand(x), cotd(x)이고 역삼각함수는 asind(x), acosd(x), atand(x), acotd(x)이다.

③ 쌍곡삼각함수 (hyperbolic trigonometric function)는 sinh(x), cosh(x), tanh(x), coth(x)이다. π는 'pi'로 입력한다.

함수	설명	예
sin(x) sind(x)	각도 x의 사인 (x는 라디안) 각도 x의 사인 (x는 도)	>> sin(pi/6) ans = 0.5000
cos(x) cosd(x)	각도 x의 코사인 (x는 라디안) 각도 x의 코사인 (x는 도)	>> cosd(30) ans = 0.8660
tan(x) tand(x)	각도 x의 탄젠트 (x는 라디안) 각도 x의 탄젠트 (x는 도)	>> tan(pi/6) ans = 0.5774
cot(x) cotd(x)	각도 x의 코탄젠트 (x는 라디안) 각도 x의 코탄젠트 (x는 도)	>> cotd(30) ans = 1.7321

3 스칼라 변수와 할당 연산자 (scalar variable and assignment operator)

① 변수는 한 개의 문자, 또는 여러 문자들 (숫자 포함)의 조합으로 이루어진 이름으로 정의할 수 있으며 할당 연산자 (assignment operator)를 통하여 수치 값이 할당된다.

② 변수는 데이터를 저장할 메모리 장소의 이름을 나타내며, 새로운 변수가 정의되면 MATLAB은 배정받은 변수의 값이 저장될 적절한 메모리 공간을 할당한다. 값이 할당된 변수를 명령 창에 입력하면 변수에 저장된 데이터가 사용된다.

③ 변수에 새로운 값이 할당되면, 메모리 위치의 내용이 갱신된다.

④ 할당 연산자 (=)는 우측 값을 좌측 변수에 할당한다.

⑤ 할당 연산자의 좌변은 한 개의 변수이름만을 포함할 수 있으며 우변이 수식인 경우 수치 값이 할당된 변수들은 수식에 포함될 수 있다.

⑥ Enter 키를 누르면 우변의 수치 값이 변수에 할당되며, MATLAB은 다음 두 줄에 걸쳐 변수와 할당된 값을 화면에 표시한다.

⑦ 명령어 끝에 세미콜론을 붙이고 Enter 키를 누르면, 실행결과가 화면에 출력되지 않으나 변수는 메모리에 저장된다.

⑧ 같은 줄에 여러 할당문을 쓰려면, 할당문 사이에 콤마 또는 세미콜론을 삽입하며, Enter 키를 누르면 왼쪽에서 오른쪽으로 할당문이 실행되어 결과가 화면에 출력된다. 콤마 대신 세미콜론을 쓰면 변수는 화면에 출력되지 않는다.

⑨ MATLAB을 포함한 프로그래밍 언어에서의 할당 연산자 부호는 수치 값 할당 (assignment)이나 대체 (replacement)의 의미를 갖는다.

⑩ 따라서 좌변에는 반드시 변수가 와야 한다.

⑪ 좌변에 변수를 포함한 상수나 식을 입력하면 계산 전에 변수의 정의가 되어있지 않으므로 다음과 같이 에러 메시지를 얻게 된다.

```
>>x*4=12
??? x*4=12
Error: The expression to the left of the equals sign is not a valid target for an assignment.
```

예제 2 다음 스칼라 변수와 할당 연산자를 MATLAB에 입력하라.

```
>> x=25                      % 수 25가 변수 x에 할당됨
>> x=4*x-5                   % 새로운 값이 x에 할당됨
>> a=2;                      % 수 2를 a에 할당함
>> B=34;                     % 수 34를 B에 할당함
>> C=(a-B)+4-a/B*11
```

4 MATLAB 파일

① MATLAB은 명령 창에서 명령어를 직접 수행시키거나 파일에 수행할 모든 명령어를 기록하고 저장한 후 파일을 수행시킬 수 있다.

② 프로그래밍이 반복된 루프 등을 통한 반복 연산이 필요하거나 다 수의 입력데이터가 요구되어 복잡성이 증가할 경우, 에러를 줄이기 위하여 명령 창에서의 직접 입력은 추천하지 않으며 편집기를 통하여 파일을 저장하고 이 파일을 명령 창에서 실행하는 것이 편리하다.

③ MATLAB용 파일의 종류로는 M 파일, MAT 파일, MEX 파일, diary 파일, 입력데이터용 text 등이 있다.

④ 대표적인 파일은 M 파일이며, 스크립트 (script) 파일과 함수 (function) 파일 두 가지가 있고, 매트랩에 내장된 편집기나 WINDOWS의 메모장을 이용하여 표준 ASCII 파일로 작성할 수 있다.

⑤ M 파일의 확장자는 m이다. 예 sample.m

⑥ 플롯 메뉴에서 새 스크립트 (구버전에서는 File → New → M-File)를 클릭하면 편집기 (editor) 창이 나타난다.

⑦ 이 Editor 창에서 프로그램을 작성하고 예를 들어 sample.m으로 저장을 한 후, 매트랩 명령어 창에서 >> test 라고 입력하면 프로그램이 수행된다.

5 1차원 배열

배열은 MATLAB이 데이터를 저장하고 다루기 위해 사용하는 기본적인 형태로서, 행(row)이나 열 (column) 또는 행과 열로 정렬된 수들의 나열이다.

1) 1차원 배열

1차원 배열 (벡터)로 나타낼 수 있는 예시는 다음과 같다.

① 3차원 공간의 한 점 p (또는 q)의 좌표가 (1, 4, 8)일 때 이 좌표를 배열 [1 4 8] 또는 [1, 4, 8]로 나타낼 수 있다.

② 어떤 수들의 집합도 벡터로 나타낼 수 있다.

```
>> year = [2000  2005  2010  2015  2020]
>> pop = [127  130  136  145  158];
```

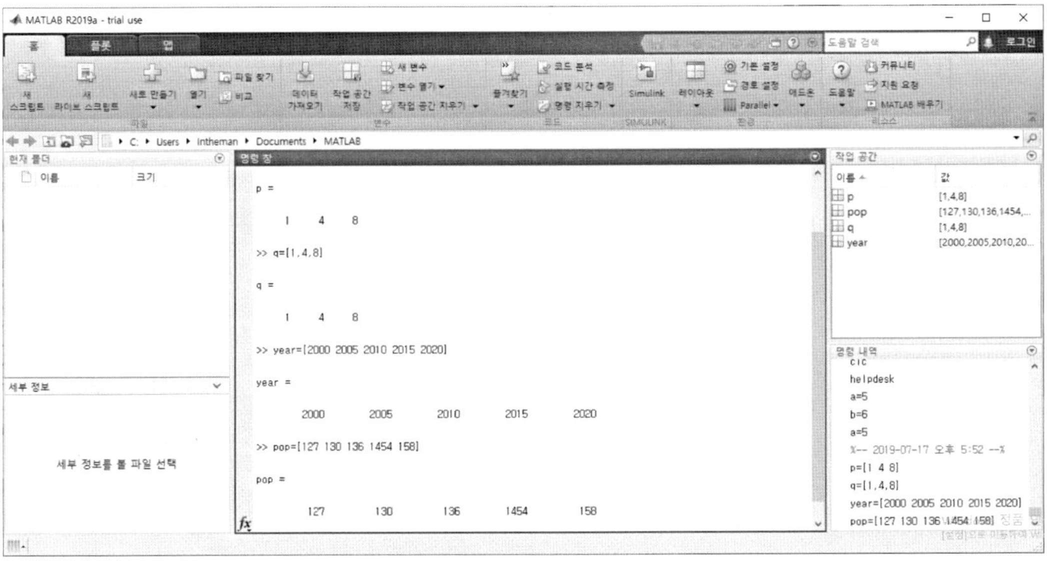

2) 열벡터 (column vector)의 생성

① 대괄호 속의 값들 뒤에 세미콜론 (;)을 입력하면 줄이 바뀐다.

② 각 원소 뒤에서 Enter 키를 눌러 바뀐 줄에 새로운 수치 값을 입력한다.

③ 행벡터 입력을 마친 후 꺾은 괄호 뒤에 따옴표 (')를 입력하여 행벡터를 전치 (transpose) 시키는 것도 가능하다.

```
>> v = [1; 2; 3]
v = 1
2
3
```

3) 일정한 간격으로 커지는 행벡터의 생성

① 일정한 간격으로 커지는 수치 값들을 가진 벡터는 콜론 (:)을 사용하여 생성한다.

② variable_name = [m : q : n]으로 입력할 경우, m은 첫번째 원소이며, m+q, m+2q, ⋯ 와 같이 q씩 커지면서 값들이 생성되고, 최종 값은 n을 초과할 수 없다.

③ m−n이 q의 정수배이면 최종원소는 n이지만, 그렇지 않으면 n보다 작은 값이 된다. n이 생략되면 원소는 1씩 커진다. q가 음수인 경우 m은 반드시 n보다 커야 한다.

```
>> x = [2:3:12]
x = 2  5  8  11
```

6 2차원 배열 (행렬)의 생성

1) 2차원 배열

2차원 배열 행렬 (matrix)로도 불리며 다수의 행과 열을 갖는다. 세미콜론 (;)이나 엔터 (Enter) 키는 새로운 열 (row)을 만드는 역할을 하므로 값들 끝에 세미콜론을 입력하거나 엔터 키를 누름으로써 원하는 행렬을 만들 수 있다.

```
>> A=[1  3  5; 2  4  6; 3  5  7]
A =
1    3    5
2    4    6
3    5    7
```

2) 행렬 요소의 주소 지정

① 행렬 요소의 주소는 원소가 있는 행 (row)과 열 (column)의 위치이다. 행렬 A에서 A(x, y)는 행렬 A의 x번째 열과 y번째 행에 위치한 원소를 나타낸다.

② 행렬 A가 위의 예시와 같다면, A(1,1)=1, A(2,2)=4, A(3,3)=7이다.

```
>> A = [5  10  15  20; 18  15  12  9; 79  80  81  82];     % 3×4 행렬을 생성함
>> A(3,1)=100                                              % 위치 (3,1)의 원소에 새로운 값을 할당함
A =  5    10    15   20
     18   15    12   9
     100  80    81   82
>> A(2,1) = A(2,1)−A(2,4)                                  % 수학식에 원소를 사용함
```

```
A = 5    10   15  20
    9    15   12  9
  100    80   81  82
```

3) 행렬의 덧셈과 뺄셈

같은 크기의 (같은 행과 열의 수를 가진) 배열들에 대한 덧셈과 뺄셈은 같은 위치의 원소들을 더하거나 빼서 구한다.

```
>> v = [1  3  4]; w=[-5  -4  -3];
>> z = v + w
z =
  -4   -1   1
```

예제 3 행렬 A=[1 −3 8; 12 4 7], B=[10 3 0.5; −21 11 4]일 때, A−B, A+B를 MATLAB으로 구하라.

```
>> A=[2 -3 7; 8  4  5];
>> B=[10 7 4; -11 15 1];
>> C = A - B
C =
    -9   -6   7.5
    33   -7   3
>> D = A + B
D = 11    0   8.5
    -9   15   11
```

4) 배열의 곱셈

MATLAB에서 행렬의 곱은 선형대수의 규칙에 따라 행해진다.

$$A=\begin{bmatrix} a_{11} & a_{12} & a_{13} \\ a_{21} & a_{22} & a_{23} \end{bmatrix},\ B=\begin{bmatrix} b_{11} & b_{12} \\ b_{21} & b_{22} \\ b_{31} & b_{32} \end{bmatrix}$$

$$\Rightarrow A\times B=\begin{bmatrix} a_{11}b_{11}+a_{12}b_{21}+a_{13}b_{31} & a_{11}b_{12}+a_{12}b_{22}+a_{13}b_{32} \\ a_{21}b_{11}+a_{22}b_{21}+a_{23}b_{31} & a_{21}b_{12}+a_{22}b_{22}+a_{23}b_{32} \end{bmatrix}$$

예제 4 행렬 A=[5 4 3; 2 1 0; –1 –2 –3], B=[7 8; 9 10; 11 12]일 때, A*B, B*A를 MATLAB으로 구하라.

```
>> A=[5 4 3; 2 1 0; -1 -2 -3];
>> B=[7 8; 9 10; 11 12];
>> C = A*B
C =    104   116
        23    26
       -58   -64
>> D = B*A
??? Error using ==> mtimes
Inner matrix dimensions must agree.
```

7 그래프 생성

① 정보를 표현하는 데 그래프는 매우 유용한 도구이다. MATLAB에는 여러 유형의 그래프를 생성할 시 필요한 많은 명령어들이 있다.

② **그래프 종류** : 선형축 표준 그래프, 로그 및 세미로그 축 그래프, 극좌표 그래프, 막대그래프 및 계단그래프, 3차원 윤곽 표면 및 망 그래프 등이 있다.

③ **그래프 형식지정** : 선 형태 (직선, 파선 등), 색깔, 두께 등 지정, 그래프의 제목과 텍스트 설명, 데이터 표식 (marker)과 격자선 (grid line) 추가, 여러 개의 곡선을 한 그래프에 표시하기, 여러 그래프를 한 페이지에 나타내기, 범례 (legend) 표시하기 등이 있다.

1) 그래프 생성 프로그램 예시

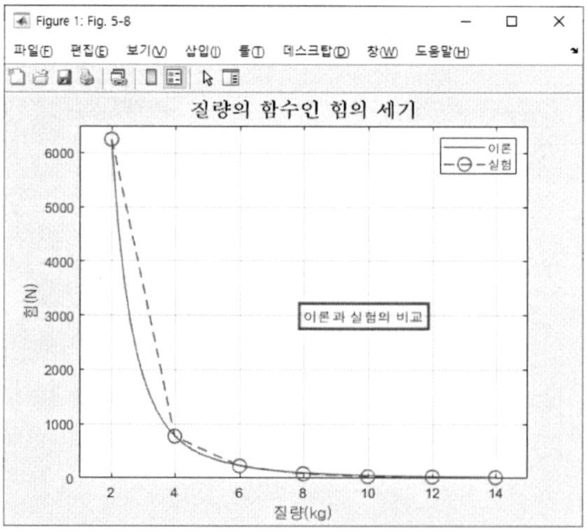

```
명령 창
>> x=[2:0.2:14];
y=50000./x.^3;
xd=[2:2:14];
yd=[6250 775 220 80 30 25 15];
plot(x,y,'-','LineWidth',1.0);
xlabel('₩fontname{돋움}질량(kg)');
ylabel('₩fontname{돋움}힘(N)');
axis([1 15 0 6500]);
title('₩fontname{바탕}₩bf질량의 함수인 힘의 세기','fontsize',14);
text(8,3000,'₩fontname{돋움}이론과 실험의 비교','EdgeColor','r','LineWidth',2);
grid on, hold on;
plot(xd, yd, 'ro--', 'LineWidth', 1.0, 'MarkerSize',10);
>> legend('₩fontname{돋움}이론', '₩fontname{돋움}실험')
>> set(gcf, 'Name', 'Fig. 5-8')
>> hold off
fx >>
```

2) PLOT 명령어

① 2차원 그래프를 생성하는 데 사용되는 plot 명령어의 형식 : plot(x, y)

② x : x 좌표값들을 가진 벡터

③ y : y 좌표값들을 가진 벡터

④ x, y 두 벡터로부터 형성되는 순서쌍을 그래프에 점으로 나타내고 점들을 직선으로 잇는다.

예제 5 x=[1 3 5 5 7 7 8 10], y=[2 4 5 6 6 8 10 13]일 때, x에 대한 y의 그래프를 출력하라.

```
>> x=[1 3 5 5 7 7 8 10];
>> y=[2 4 5 6 6 8 10 13];
>> plot(x, y), grid on
```

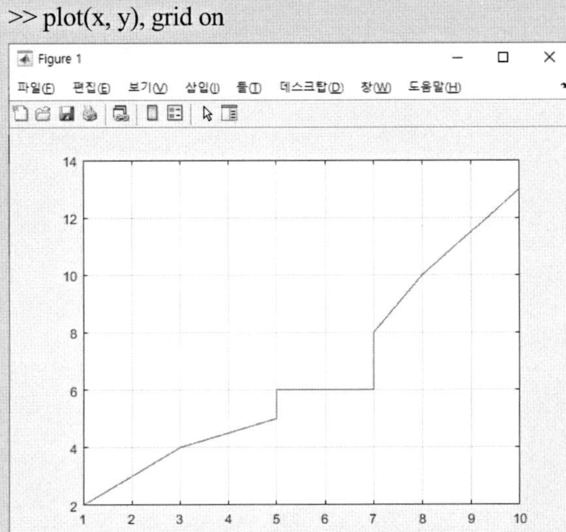

3) 함수의 그래프 그리기

① plot 명령어로 함수 $y = f(x)$를 그릴 수 있다.

② 우선 함수의 정의역에 대한 x값 벡터를 생성한다.

③ 요소별 연산을 이용하여 x값 벡터에서의 $f(x)$값들을 구하여 벡터 y를 생성한다.

④ 생성된 두 벡터로부터 plot 명령어로 그래프를 그린다.

⑤ 이 때 벡터 x의 요소 값 사이 간격을 미세하게 생성하여 보다 정확한 그래프를 생성할 수 있다 (데이터 증가).

예제 6 정의역 –5≤x≤1에 대한 함수 $y = 1.2^{-3.7x}\cos(5x)$의 그래프를 출력하라.

```
>> x=[-5:0.3:1];
>> y=1.2.^(-3.7*x).*cos(5*x);
>> plot(x, y)
```

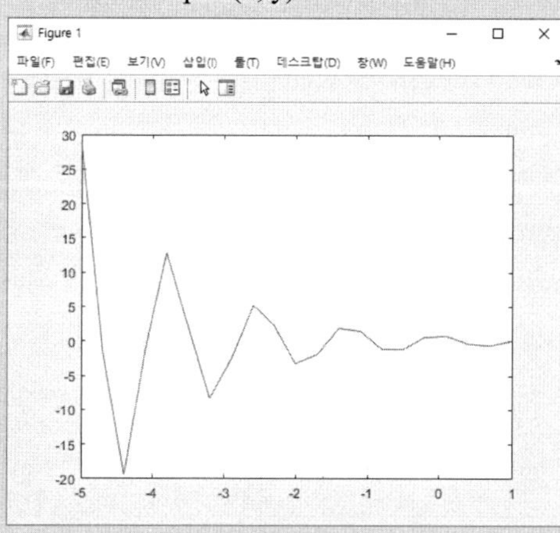

```
>> x=[-5:0.01:1];
>> y=1.2.^(-3.7*x).*cos(5*x);
>> plot(x, y)
```

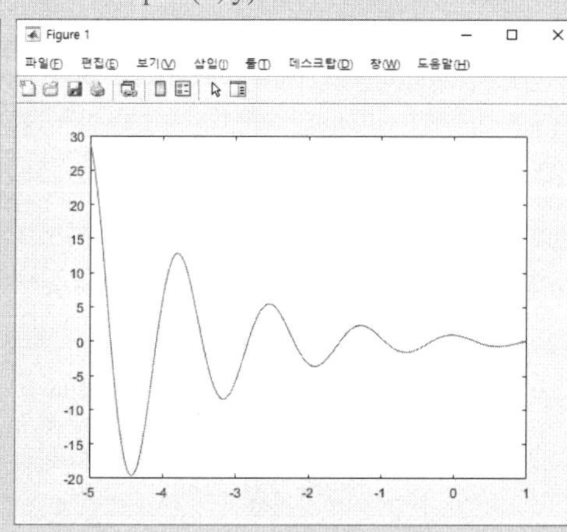

16.4 실습 과제물

1 MATLAB을 이용하여 'HI-LO' 게임을 프로그래밍 하라 (0과 100 사이의 숫자를 입력하여 맞추는 게임으로 총 7번의 기회가 주어진다).

참고

```
x = fix(100*rand);                              % 0과 100 사이의 정수
numb = int2str(n);                              % 변수 지정 n (남은 총 기회 수), k (loop 횟수)
disp( [ '총 남은 기회는 'numb'번 입니다' ])    % 화면 출력
disp( [ '0에서 100 사이의 숫자입니다' ])
m = input ( '숫자를 입력하세요' )              % 입력 값
% for 루프와 if 루프 사용
% for 루프와 if 루프 사용
```

2 MATLAB을 이용하여 다음 계산을 수행하라 (MATLAB 코드+결과).

(1) $6 \times 2^3 + \frac{4}{5}$

(2) $3\frac{\sin(2)}{5}$

(3) $\frac{27^2}{4} + \frac{4^5}{6^3 - 120}$

3 다음 식에 pi/3를 대입하여 양변을 계산함으로써 삼각 항등식이 성립함을 보여라 (MATLAB 코드 + 결과).

$$\cos^2\frac{x}{2} = \frac{\tan x + \sin x}{2\tan x}$$

4 명령어 창에서 다음 세 배열 A, B, v를 만들어라 (MATLAB 코드+결과).

$$A = \begin{bmatrix} 2 & 5 & 8 & 11 & 14 & 17 \\ 3 & 6 & 9 & 12 & 15 & 18 \\ 4 & 7 & 10 & 13 & 16 & 19 \\ 5 & 8 & 11 & 14 & 17 & 20 \\ 6 & 9 & 12 & 15 & 18 & 21 \end{bmatrix} \qquad B = \begin{bmatrix} 5 & 10 & 15 & 20 & 25 & 30 \\ 30 & 35 & 40 & 45 & 50 & 55 \\ 55 & 60 & 65 & 70 & 75 & 80 \end{bmatrix}$$

$$v = [99\ 98\ 97\ 96\ 95\ 94\ 93\ 92\ 91]$$

5 다음 선형연립방정식을 행렬 형식으로 나타내고 해를 구하라 (MATLAB 코드+결과).

$$3x - 2y + 6z = 9$$
$$2x + 7y + 5z = 15$$
$$3x + 11y + 3z = 0$$

6 $-5 \le x \le 10$에 대해 함수 $y = 4x^3 - 23x + 38$과 이 함수의 1차 도함수 및 2차 도함수 그래프를 같은 그림 창에 표시하라 (MATLAB 코드+그래프).

CHAPTER

17 진동공학 개론 및 RUNGA 활용

학 과	기계공학과	교과목	기계공학실험(Ⅰ)	학 년	2	조편성	조
실험실		실험내용	진동공학 개론 및 RUNGA 활용	학 번		성 명	

17.1 실험목적

MATLAB을 활용하여 진동시스템을 모델링하고 다양한 조건에서의 진동공학 해석을 목표로 한다. 이를 위하여 진동공학의 개요를 학습하고 RUNGA 이론을 이용한 MATLAB 해석을 수행한다.

17.2 관련이론

1) 진동의 정의

① 과학적 정의 : 주어진 시간 안에서 반복되는 모든 운동을 일컫는다.

② 공학적 정의 : 기계시스템의 주기운동과 힘과의 관계 해석을 뜻한다.

〈Tacoma narrows 교량 재해, 1940.11.7.〉

2) Tacoma narrows 교량 재해

① 진동을 고려하지 않아 발생한 재해로 교량 파손으로 이어졌다.

② 진동의 진폭이 4.3m까지 도달하였다.

3) 고유진동수와 모드 형상

① 모든 물체는 고유진동수와 모드형상을 가지고 있다.

② 고유진동수는 물체가 진동하는 진동수를 뜻하며 모드형상은 변곡점의 개수에 따라 구분한다.

③ 공진 현상은 큰 진폭을 가진 진동으로 외력에 의한 진동수가 물체의 고유진동수에 가까워질 때 발생한다.

4) 일반적인 진동 시스템

일반적인 진동 시스템은 진동하는 물체의 질량 (m), 스프링의 탄성 계수 (k), 감쇠기의 감쇠 계수 (c)로 구성된다.

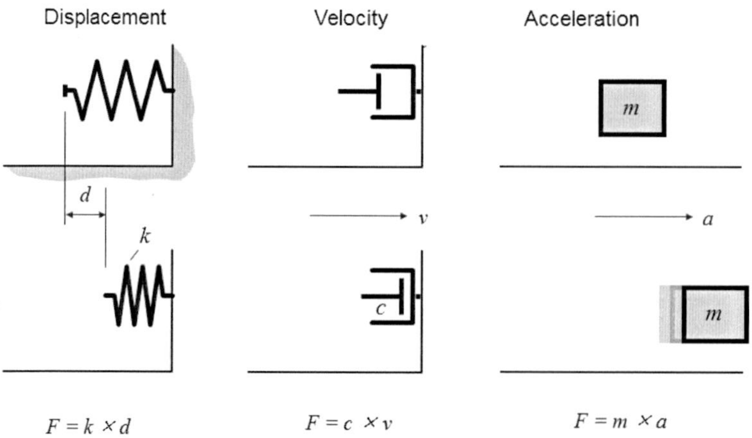

① 물체의 질량 (m), 스프링의 탄성 계수 (k), 감쇠기의 감쇠 계수 (c)는 각각 힘과 변위, 힘과 속도, 그리고 힘과 가속도 관계식에서 구할 수 있다.

② 변위를 x라 하면 속도는 도함수 $\dot{x}$이며 가속도는 2차 도함수 $\ddot{x}$로 표현할 수 있다.

③ 진동시스템은 아래의 일반식으로 표현될 수 있으며 $F(t)$는 외력을 뜻한다.

$$m\ddot{x} + c\dot{x} + kx = F(t)$$

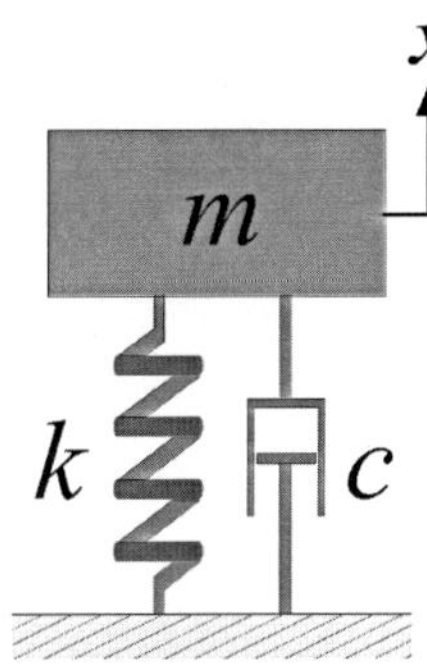

5) 비감쇠 자유진동 (1축 자유도)

1축 자유도를 가진 비감쇠 자유진동은 아래 그림과 같이 작용한다.

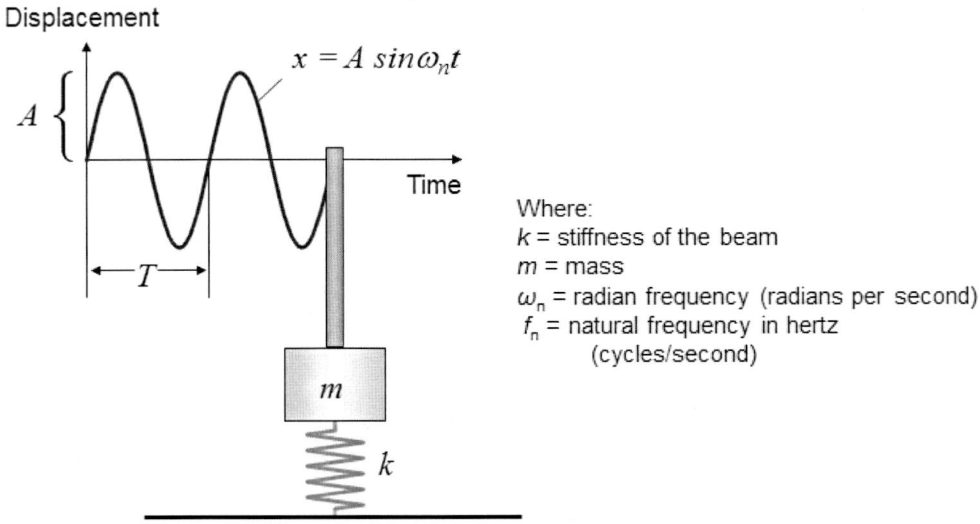

질량 (m)이 추가되었을 경우 진동수가 감소하며, 감쇠기의 추가로 감쇠계수 (c)가 적용되었을 경우 진폭이 감소한다.

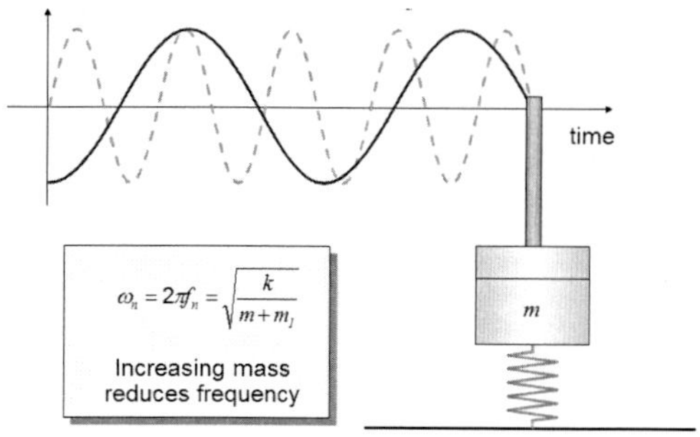

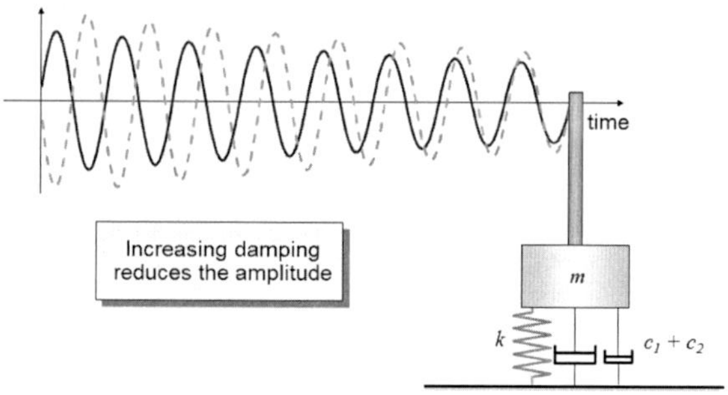

6) 진동 흡수 장치

진동 제거를 위해서는 진동 흡수 장치를 적용하여 진동의 주기를 상쇄하는 방법이 많이 쓰인다.

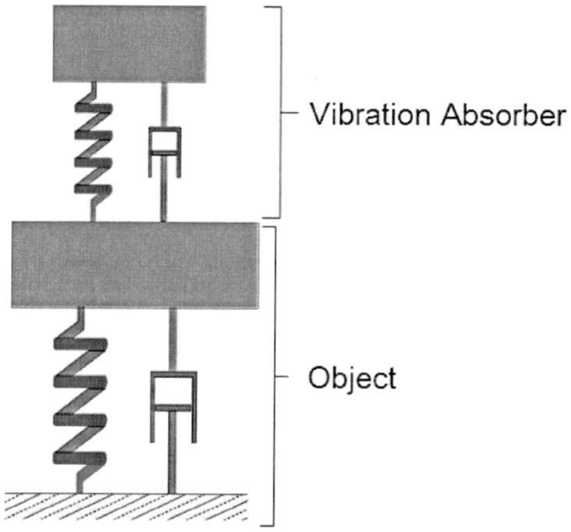

7) 진동의 종류

① 대분류로 진동운동은 자유진동과 가진진동으로 구분된다.

② 자유진동은 외력이 없는 상태의 진동운동이고 가진진동은 외력이 작용했을때의 진동운동이다 (공진 현상은 가진진동에서 물체의 고유진동수에 가까워 졌을 때 발생할 수 있다).

8) 인체 진동

① 인체의 부위에도 각각 고유 진동수가 존재한다.

② 부위에 따라 5–100 Hz 정도의 공진 진동수를 갖는다 (예를 들어 눈은 20–90Hz, 머리는 20–30Hz, 복부는 4–8Hz).

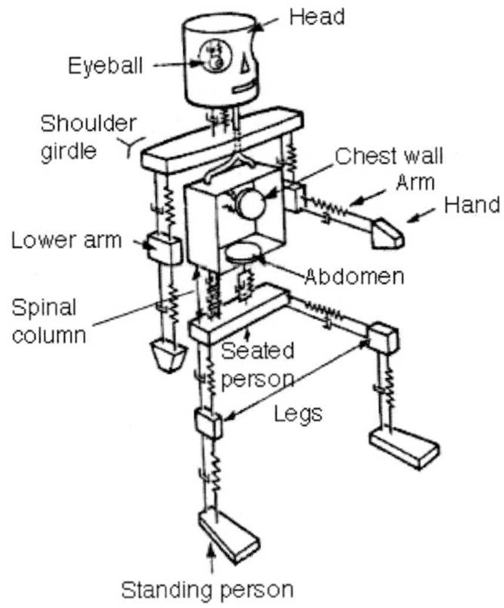

9) 점성 감쇠 자유진동 (viscously damped free vibration)

① 외력이 0이므로, $m\ddot{x}+c\dot{x}+kx=0$식을 따른다.

② 주기운동 (underdamped motion)

- 감쇠비 (damping ratio)가 1 보다 작을 경우 발생한다.
- 진동의 진폭은 줄어들지만 진동이 지속적으로 유지된다.

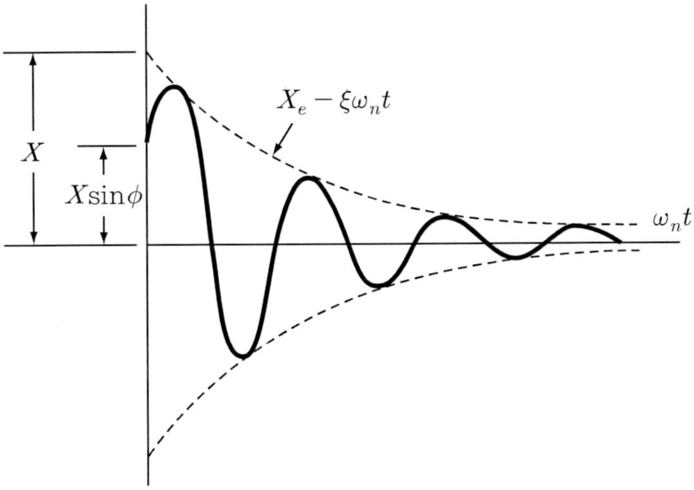

③ 비주기운동 (overdamped motion)

- 감쇠비 (damping ratio)가 1 보다 클 경우 발생
- 진동이 없어지며 지수적으로 감소하는 시간의 함수이다.

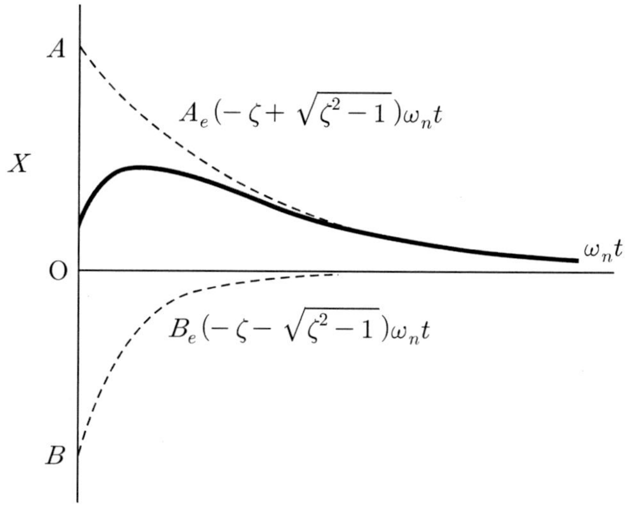

④ 임계 감쇠운동 (critically damped motion)

- 감쇠비 (damping ratio)가 1과 같을 경우 발생한다.
- 비주기운동과 비슷한 그래프를 보이며 주기운동이 비주기운동으로 바뀌는 임계값에서의 함수이다.

10) 조화 가진진동 (harmonically excited vibration)

① 조화 가진력을 받는 시스템은 가진력과 동일한 진동수로 진동하게 된다.

② 회전 기계의 불평형, 왕복운동 기계에 의하여 발생하는 힘, 기계 자체의 운동등에 의해서 발생한다.

③ 공진 현상으로 인한 진폭 증가는 안전성 문제를 일으키므로 감쇠기, 흡수기 등을 이용한 설계를 수행한다.

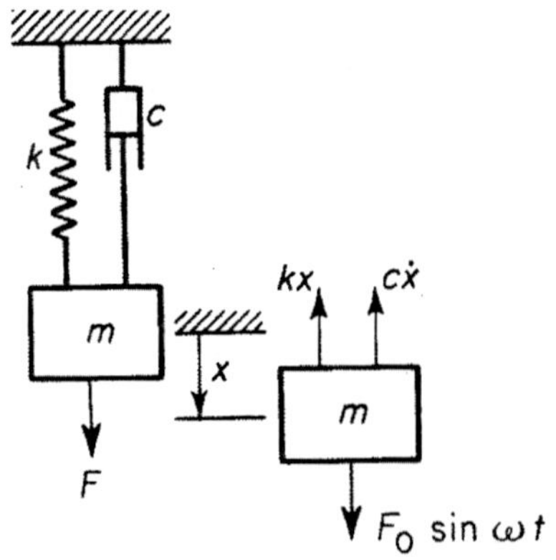

11) 과도 진동 (transient vibration)

① 비주기적인 가진력이 갑자기 가해질 때 발생한다.

② 정상상태 진동이 발생하지 않으므로 과도 응답이라고 하며, 이러한 진동응답의 진폭은 가진력의 형태에 따라 변화되고, 응답은 시스템의 고유 진동수에서 발생된다.

③ 매우 짧은 시간 동안 매우 큰 진폭으로 작용하는 힘을 임펄스 힘이라고 한다.

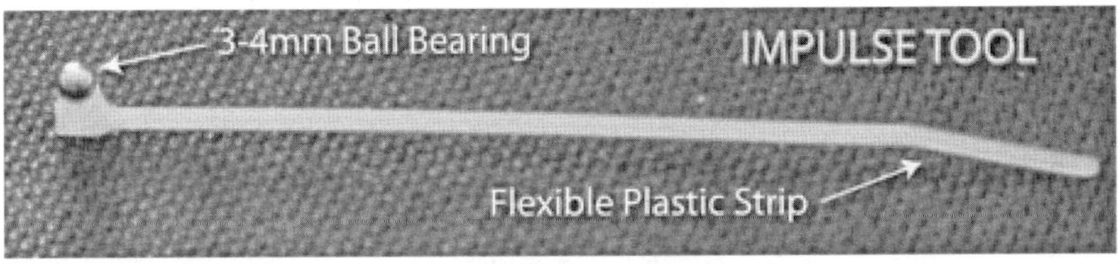

12) RUNGA프로그래밍

① 4차 룽에-쿠타 (Runge-Kutta) 계산법을 이용한다.

② 룽에-쿠타 계산법은 처음 구간에서의 적분이 저절로 이루어지며, 그 결과가 매우 정확하다.

③ MATLAB에서의 활용을 위해 초기조건 값들과 외력을 정의할 수 있도록 프로그래밍을 하여 다양한 진동 시스템을 분석할 수 있다.

17.3 실습내용

1) RUNGA 프로그래밍 이해 및 분석

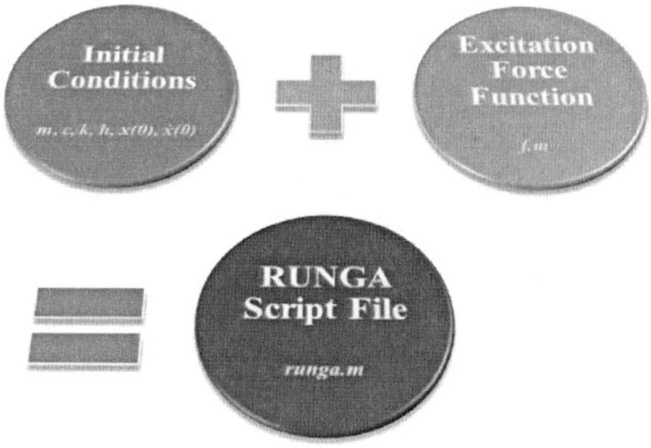

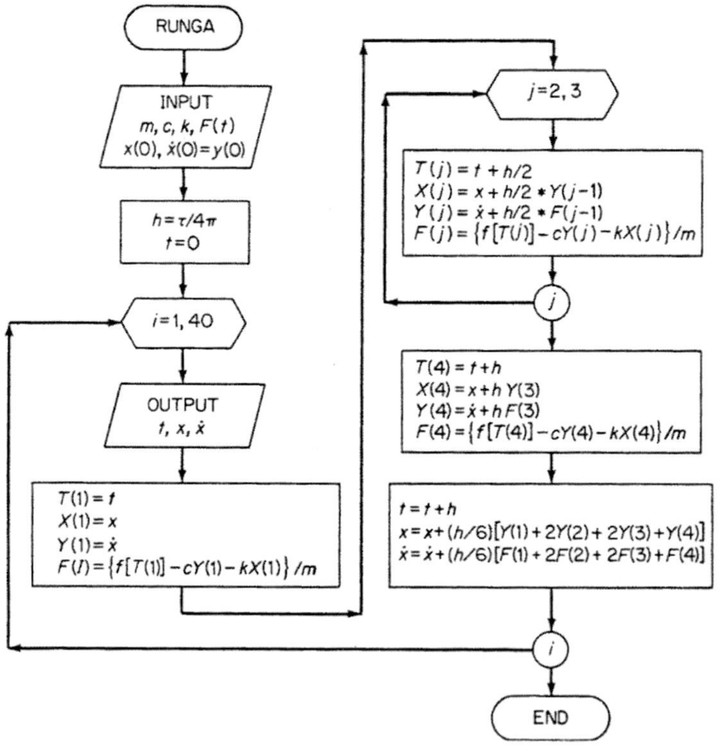

① RUNGA 프로그램은 2개의 파일로 구성되어 있다 ($runga.m$과 $f.m$).

② $f.m$ 파일에서 외력을 정의하고, $runga.m$ 파일을 실행한다.

③ 초기조건인 $m, c, k, h, x(0), \dot{x}(0)$ 값을 입력하면 진동시스템을 구현할 수 있다.

RUNGA 프로그래밍

```
% 초기조건(파라미터) 입력
clc
clear;
disp(' ')
disp('The program computes the response of a forced')
disp('mass-spring system using the Runge Kutta method.')
disp('----------------------------------------')
disp(' ') m=input('Enter the value of the mass (kg): ');
c=input('Enter the value of the damping coefficient (Ns/m): ');
k=input('Enter the value of the spring constant (N/m): ');
x1=input('Enter the value of the initial position (m): ');
y1=input('Enter the value of the initial velocity (m/s): ');

% 감쇠비 정의
xi=c/(2*sqrt(k*m));
disp(' ')
if xi<1
   disp('The system is Underdamped')
elseif xi>1
   disp('The system is Overdamped')
else
   disp('The system is Critically damped')
end

% 기타 파라미터 정의
T=2*pi*(m/k)^0.5;
disp(['The natural period is: T = ',num2str(T),' s']);
disp(' ')
dt=input('Enter the value of time increment dT in seconds (<T as above): ');
t1=input('Enter the value of the initial time (s): ');
tf=input('Enter the value of the final time (s): ');
n=(tf-t1)/dt;
N=round(n);
x=zeros(1,N+1);
y=zeros(1,N+1);
t=zeros(1,N+1);
x(1)=x1;
```

```
y(1)=y1;
t(1)=t1;

% Loop 계산
for l=1:N
    T1=t(l);
    X1=x(l);
    Y1=y(l);
    F1=(1/m)*(f(T1)-k*X1-c*Y1);
    T2=t(l)+dt/2;
    X2=x(l)+Y1*dt/2;
    Y2=y(l)+F1*dt/2;
    F2=(1/m)*(f(T2)-k*X2-c*Y2);
    T3=t(l)+dt/2;
    X3=x(l)+Y2*dt/2;
    Y3=y(l)+F2*dt/2;
    F3=(1/m)*(f(T3)-k*X3-c*Y3);
    T4=t(l)+dt;
    X4=x(l)+Y3*dt;
    Y4=y(l)+F3*dt;
    F4=(1/m)*(f(T4)-k*X4-c*Y4);
    x(l+1)=x(l)+dt/6*(Y1+2*Y2+2*Y3+Y4);
    y(l+1)=y(l)+dt/6*(F1+2*F2+2*F3+F4);
    t(l+1)=dt*l;
end

% 데이터 저장 및 그래프 출력
results=[t' x' y'];
[' Time Displ. Vel.']
format long
disp(results);
format
figure(1)
clf;
plot(t,x)
xlabel('Time (s)')
ylabel('Displacement (m)')
title('Forced Spring-Mass System')
```

```
disp(' ')
disp(['The maximum amplitude is: A = ',num2str(norm(x,inf)),' m']);
disp(' ')
save resRunga t x y -ascii
```

① RUNGA 프로그래밍을 통한 MATLAB 활용으로 다양한 초기조건에 따른 점성 감쇠운동을 학습한다.

② 자유진동 및 가진진동 simulation을 통한 진동시스템 분석을 수행한다.

17.4 실습 과제물

1 RUNGA를 이용하여 스프링-질량 시스템의 최대 진폭을 계산하고 시간-변위 그래프를 출력하라 (물체는 자유진동 / 주기운동을 하고 있다).

2 RUNGA를 이용하여 스프링-질량 시스템의 최대 진폭을 계산하고 시간-변위 그래프를 출력하라 (물체는 자유진동 / 비주기운동을 하고 있다).

3 RUNGA를 이용하여 스프링-질량 시스템의 최대 진폭을 계산하고 시간-변위 그래프를 출력하라 (물체는 자유진동 / 임계 감쇠운동을 하고 있다).

4 실습 과제 4.1의 초기조건을 이용하여 외력이 $\sin(t)$일 때, 스프링-질량 시스템의 최대 진폭을 계산하고 시간-변위 그래프를 출력하라 (물체는 가진진동 / 주기운동을 하고 있다).

5 실습 과제 4.1의 초기조건을 이용하여 외력이 오른쪽 그래프와 같을 때, 스프링-질량 시스템의 최대 진폭을 계산하고 시간-변위 그래프를 출력하라 (물체는 가진진동 / 주기운동을 하고 있다).

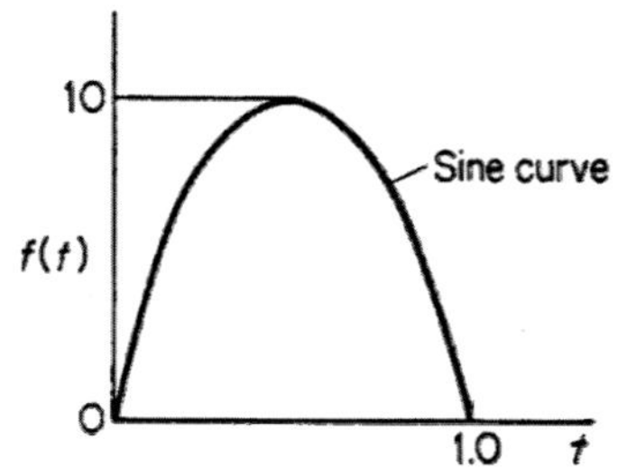

6 실습 과제 4.1의 초기조건을 이용하여 외력이 오른쪽 그래프와 같을 때, 스프링-질량 시스템의 최대 진폭을 계산하고 시간-변위 그래프를 출력하라 (물체는 가진진동 / 주기운동을 하고 있다).

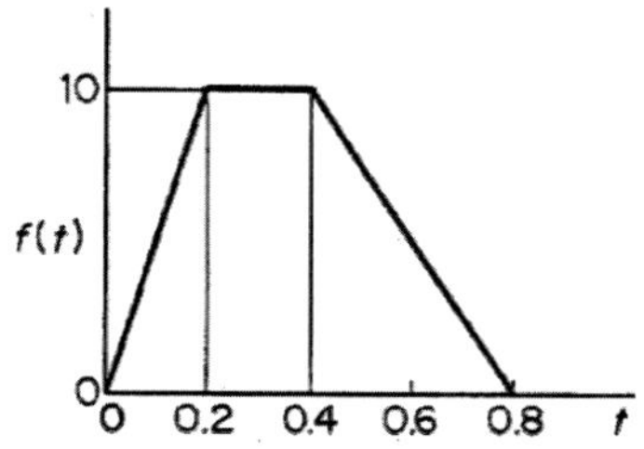

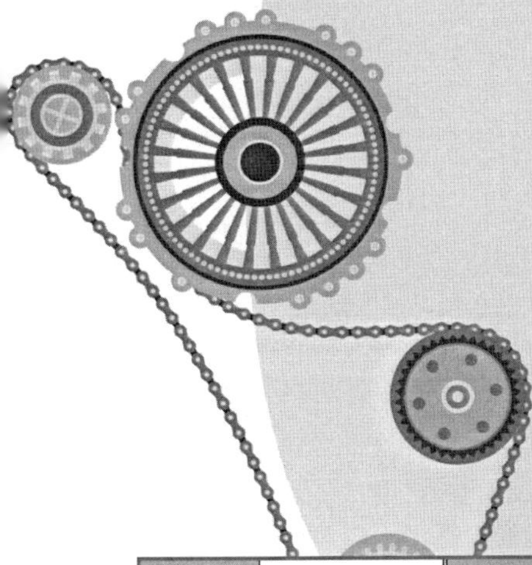

CHAPTER

18

CAE를 활용한 구조해석

학 과	기계공학과	교과목	기계공학실험(Ⅰ)	학 년	2	조편성	조
실험실		실험내용	CAE를 활용한 구조해석	학 번		성 명	

1 CAE (Computer Aided Engineering)

컴퓨터 소프트웨어를 사용하여 설계하고자 하는 제품에 관련된 공학 문제를 가상으로 시뮬레이션 하는 분야

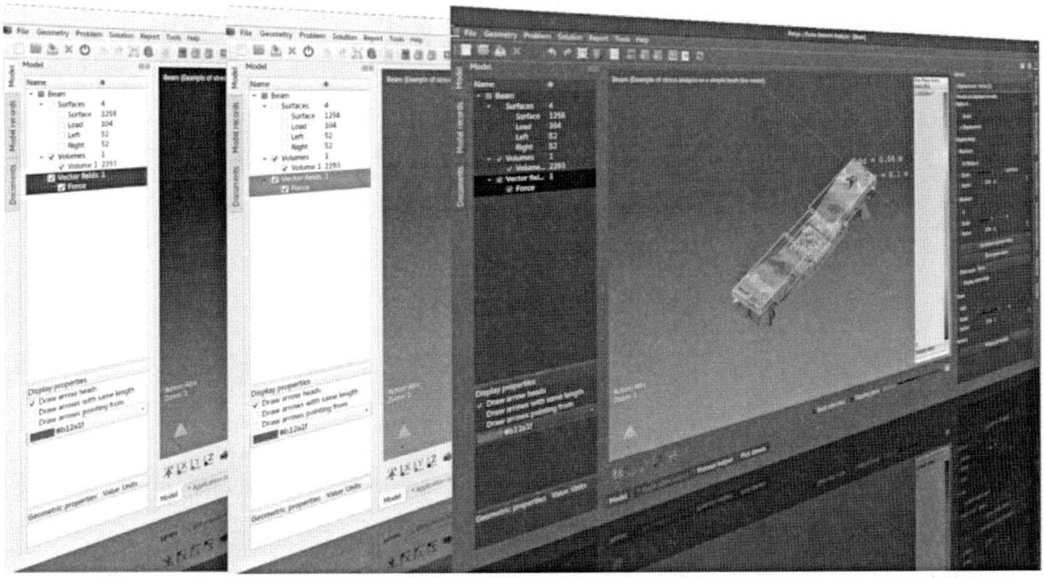

(Tomas.soltys, 2018/CC BY-SA)

▲ 그림 18.1 CAE (Computer Aided Engineering)의 예시

2 CAE가 사용되는 이유

① 개발하고자 하는 제품의 질 향상

② 제품 개발 시간 및 비용 단축

③ 최적의 제품 설계안 도출

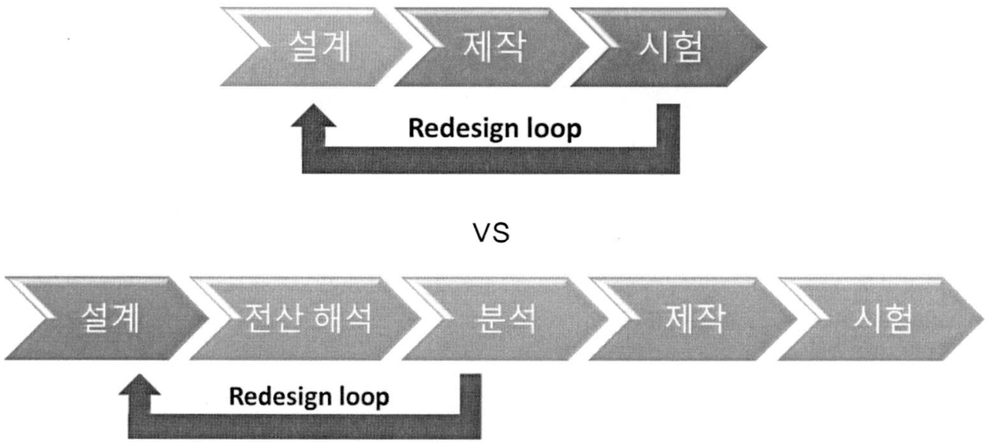

▲ **그림 18.2** CAE를 활용한 제품 제작 과정

3 CAE Processes

① Design : 실제 구조물을 컴퓨터 상의 가상 구조물로 구현하기 위한 과정

② Pre-Processing : 분석하고자 하는 물리 현상을 수치적으로 계산하기 위한 준비과정

③ Calculation : 물리 현상의 수치적 계산 과정

④ Post-Processing : 계산된 결과를 시각화 혹은 정량화 하는 과정

⑤ Analysis : 계산된 결과의 신뢰성 검토 및 물리 현상 분석

(Brady Holt, 2010/CC BY)

(Pso, 2006/CC BY-SA)

▲ **그림 18.3** CAE Processes

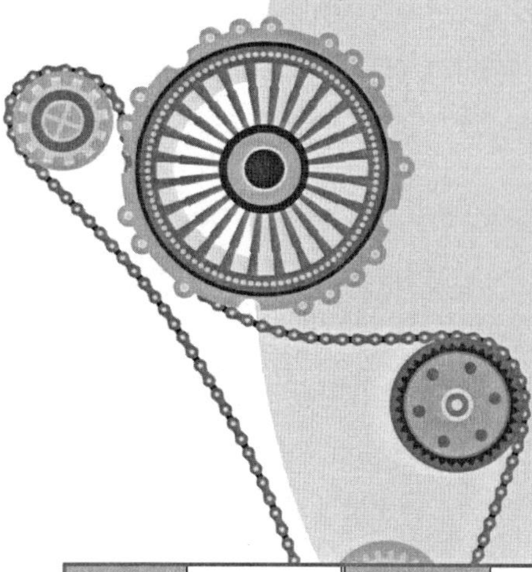

CHAPTER

19

CAE를 활용한 구조해석 1:

구조물에서의 응력-변형률 해석

학 과	기계공학과	교과목	기계공학실험(Ⅰ)	학 년	2	조편성	조
실험실		실험내용	CAE를 활용한 구조해석 1: 구조물에서의 응력-변형률 해석	학 번		성 명	

19.1 배경 이론

1 응력 (Stress) : 단위면적 (Unit area)에 작용하는 내력의 크기로 정의

만약 응력이 단면적에 균일하게 작용한다면, $\sigma = \dfrac{P}{A}$.

2 응력의 단위

① [F/L^2] : 힘을 면적으로 나눈 단위

② SI (International system of units, 국제단위계)

- 힘 = N (Newton), 면적 = A (m^2)
- 응력 = [N/m^2] = Pa (Pascal)

3 변형률 (Strain) : 물체의 변형을 계량하는 기하학적 양

법선 변형률 (normal strain) ε는 단위 길이 (unit length) 당 신장량 (elongation)으로 정의

즉, $\varepsilon = \dfrac{\delta}{L}$.

4 인장시험 (tensile test)

① 탄성계수, 극한응력, 파단응력과 같은 재료의 기본 물성을 구하기 위한 시험

② 게이지 길이 (gauge length) : 재료의 응력과 변형이 균일하게 분포되는 길이 (L)

③ 응력 (stress) : 시험기로부터 계측되는 하중 (P)과 재료의 단면적 (A)에서 측정

④ 변형률 (strain) : 시편에 부착된 스트레인 게이지 (strain gage)에 의해 측정

(Aklyuch, 2006/CC BY-SA)

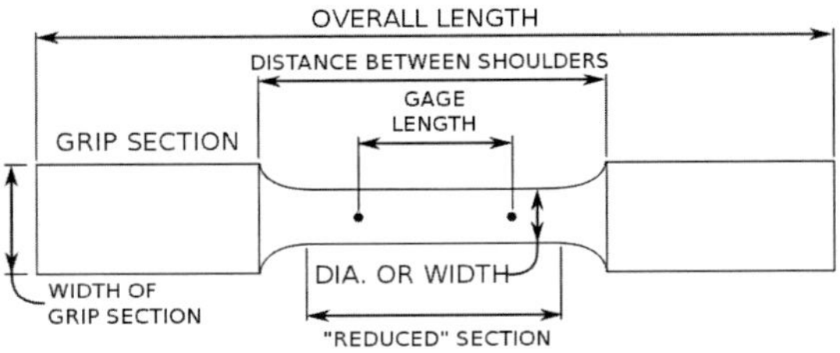

(Wizard191, 2010/CC BY-SA)

▲ **그림 19.1** 인장 시험기 및 시편의 형상

5 응력-변형률 선도와 각 지점에서의 물성

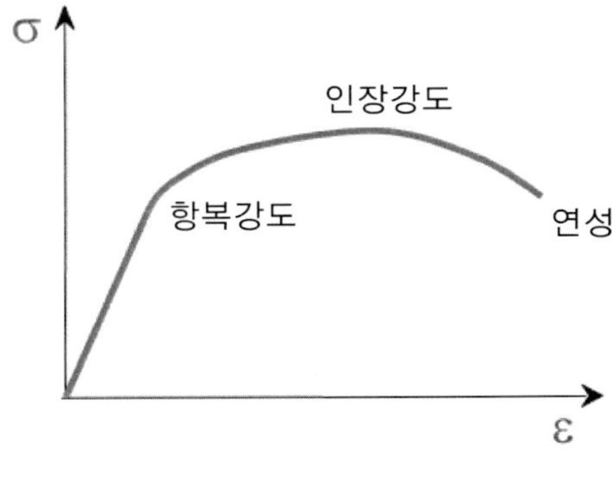

① **항복강도** : 소성 변형이 시작되는 응력

항복강도는 뚜렷한 소성변형 (ε_P= 0.002)을 일으키는 응력 값에 일치

② **금속의 항복 강도** : 소성 가공에 대한 저항성

③ **인장강도** : 공학적 응력 - 변형률 선도에서 최대 응력점

④ 금속재료에서는 뚜렷한 넥킹이 시작되는 점에서의 응력 (네킹 발생 부위에서 응력집중 발생)

⑤ **연성** : 파괴가 나타나기까지 변형의 정도 (길이 신장률, 단면적 감소률)

⑥ **인성** : 파괴에 대한 재료의 저항 강도

응력-변형률 곡선에서 파괴까지의 면적

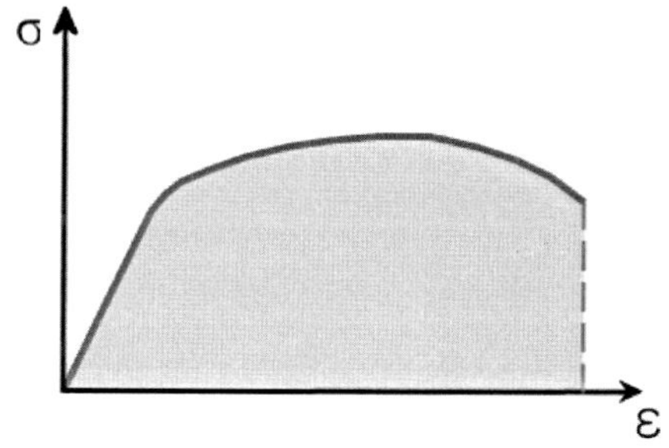

6 푸아송 비 (Poisson's ratio, ν) : 축방향 변형률에 대한 횡방향 변형률의 비

$$\nu = -\epsilon_x/\epsilon_z = -\epsilon_y/\epsilon_z$$

19.2 렌치-볼트 구조물에 힘을 가해주는 경우의 응력-변형률 해석 예제

1 해석 도메인 생성

1. Model Wizard 선택
2. 3D 선택

3. Select Physics – Structural Mechanisc – Solid Mcchanics 선택
4. Add 버튼 클릭

2 해석 방법 설정

1. Added physics interfaces 아래 Solid mechanics가 선택되어 있는지 확인
2. Study 버튼 클릭

3. Select Study 아래 stationary 선택
4. Done 버튼 클릭

3 해석 구조물 형상 생성

1. Home tap 아래 import 버튼 클릭

2. Setting 창 – Browse 버튼 클릭
3. 해당 구조물 형상 파일 선택
4. Build all objects 버튼 클릭

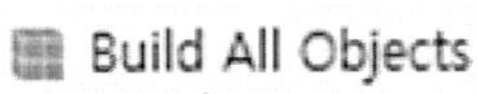

4 구조물에 사용된 재료 물성 입력

1. Home tap 아래 Add material 버튼 클릭
2. Add material 창 아래 Built-in 탭 펼치기 – structural steel 클릭
3. Add material 창에 있는 Add to selection 버튼 클릭

   + Add to Selection

4. Add material 창 닫기

5 구조물에 하중 인가

1. Home tap 아래 Parameters 버튼 클릭

   Pi Parameters

2. Setting 창 – Name 칸에 : ‘F’ 입력
   – Expression 칸에 : ‘150[N]’ 입력
   – Description 칸에 : ‘Applied force’ 입력
3. Physics tap 아래 Boundaries 클릭 – Boundary load 선택
4. 렌치 상단에 하중 인가 면을 클릭
5. 선택한 면이 보라색으로 나타나는지 확인
6. Boundary load 세팅 창 아래 force 부분에서 Load type 변경 : total force 선택
7. z 방향 성분에 ‘–F’ 입력

6 경계 조건 설정

1. Physics tap 아래 Boundaries 클릭 – Fixed constraint 선택
2. Graphic 창에 있는 Wireframe rendering 버튼 클릭

3. 볼트의 고정면 선택
4. 선택한 면의 색이 보라색으로 나타나는지 확인

7 Mesh 설정

1. Model builder 창 아래 Mesh 버튼 클릭
2. 세팅 창 아래 Element size 변경: Finer 선택
3. Build all 버튼 클릭

Build All

8 Calculation 설정

1. Study tap 아래 Show default solver 버튼 클릭
2. Model builder 창 아래 Study1 항목에 Solver configurations 트리가 생성되었는지 확인
3. Solver configurations 트리 하위의 Solution 1 트리 펼치기
4. Solution 1 트리 하위의 Stationary solver 트리 펼치기
5. Stationary solver 를 마우스 우클릭 하여 iterative 선택하여 추가
6. 생성된 iterative 클릭
7. Setting 창 아래의 Preconditioning 항목 변경: Right 선택
8. Iterative 마우스 우클릭 하여 Multigrid 선택하여 추가
9. Setting 창의 Compute 버튼 클릭

= Compute

9 Post-processing (stress)

1. Model builder 창 아래 Results 항목에 Stress (solid) 트리 펼치기하여 Surface1 클릭
2. Setting 창 아래의 Expression의 Unit 항목 변경: MPa 선택
3. Plot 버튼 클릭

Plot

10 Post-processing (strain)

1. Model builder 창 아래 Results 항목에 마우스 우클릭 하여 3D plot group 선택
2. 3D plot group 2의 하위 트리가 생성되었는지 확인 후 마우스 우클릭하여 surface 항목 선택
3. Surface 1이 새로 생성되었는지 확인 후 클릭
4. Setting 창 아래의 Expression 항목 옆의 Replace Expression 버튼 클릭

5. Solid mechanics 트리 펼치기 - Strain 트리 펼치기 - Principal strains 트리 펼치기 - First principal strain 더블 클릭
6. Plot 버튼 클릭

CHAPTER 20

CAE를 활용한 구조해석 2:

구조물에서의 피로 해석

학 과	기계공학과	교과목	기계공학실험(Ⅰ)	학 년	2	조편성	조
실험실		실험내용	CAE를 활용한 구조해석 2: 구조물에서의 피로 해석	학 번		성 명	

20.1 배경 이론

1 피로 (Fatigue) : 오랜 시간 동안 응력 및 변형률 사이클이 반복 된 후에 파손

항복응력 이하의 응력 상태에서도 부품의 파괴가 발생 가능

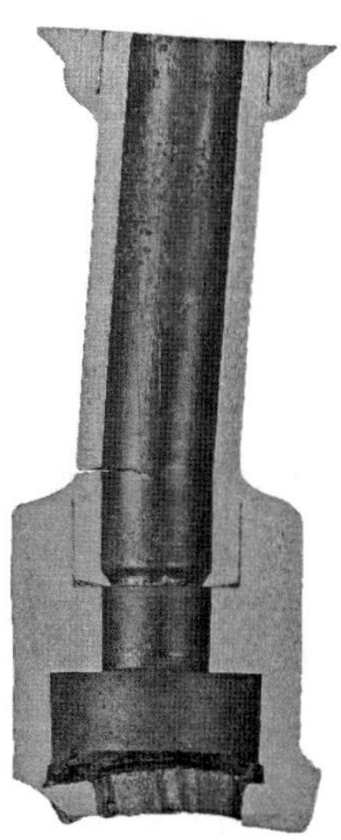

(CEphoto, Uwe Aranas, 2015/CC BY-SA)

▲ **그림 20.1** 피로 파손된 구조물의 예

2 변동 응력의 종류

① Reversed (교번) Stress Cycle : 최대 인장응력과 최소 압축응력의 크기가 동일

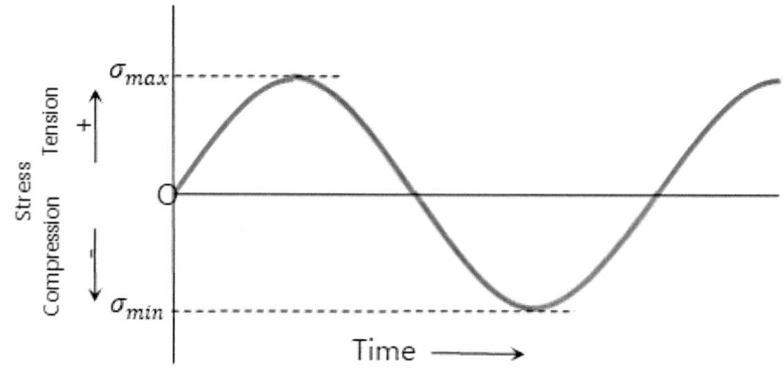

② Repeated (반복) Stress Cycle : 최대 인장응력과 최소 압축응력의 크기가 Zero Stress Level에 대하여 비대칭

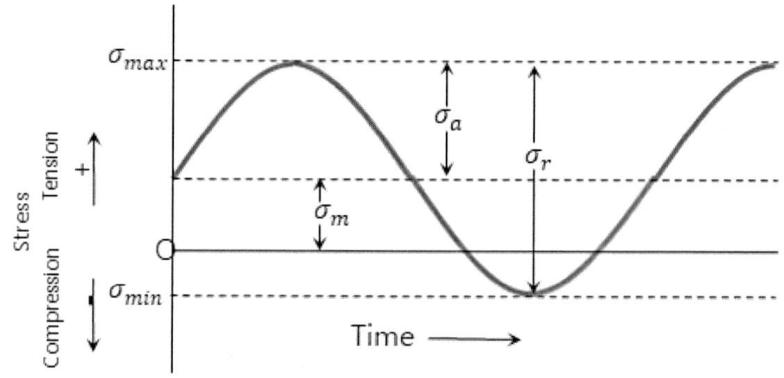

③ Randomly (무질서) Stress Cycle : 응력의 진폭과 주파수 (Amplitude & Frequency of Applied Stress)가 무질서

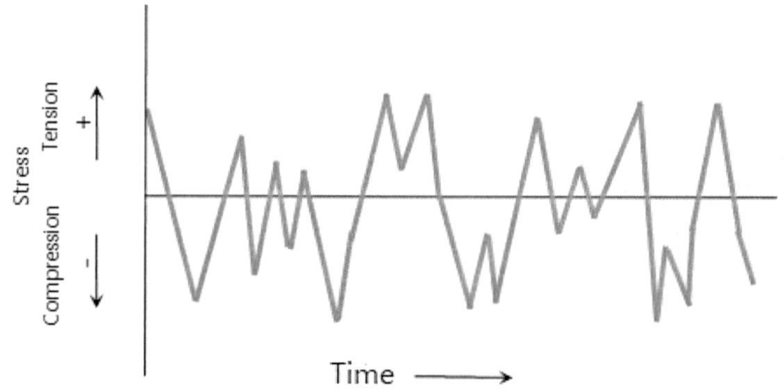

3) 변동 응력 사이클 (Fluctuating Stress Cycle)의 특성을 나타내기 위한 여러 매개 변수 (parameters)

① 평균응력, Mean Stress(σ_m) : $(\sigma_{\max} + \sigma_{\min})/2$

② 응력범위, Range of Stress(σ_r) : $(\sigma_{\max} - \sigma_{\min})$

③ 응력진폭, Stress Amplitude(σ_a) : $(\sigma_{\max} - \sigma_{\min})/2$

④ 응력비, Stress Ratio(R) : $\sigma_{\max}/\sigma_{\min}$

4) 피로 한계 (Fatigue limit) : 사이클 수가 무한대가 되어도 피로 파괴가 일어나지 않는 최대 교번응력

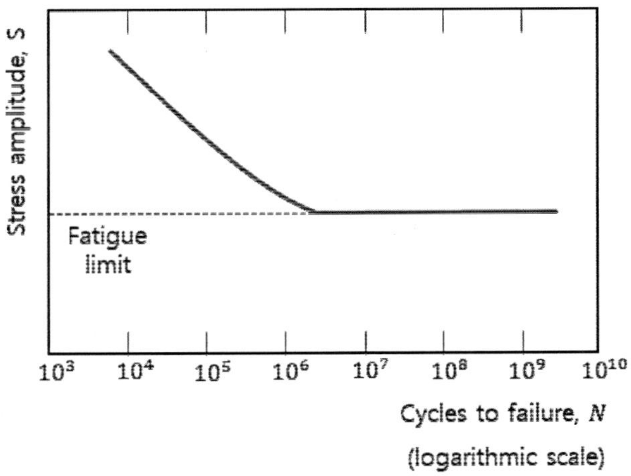

5) 피로 수명 (Fatigue life) : 특정 응력 하에서 파손이 일어나기까지의 cycle수

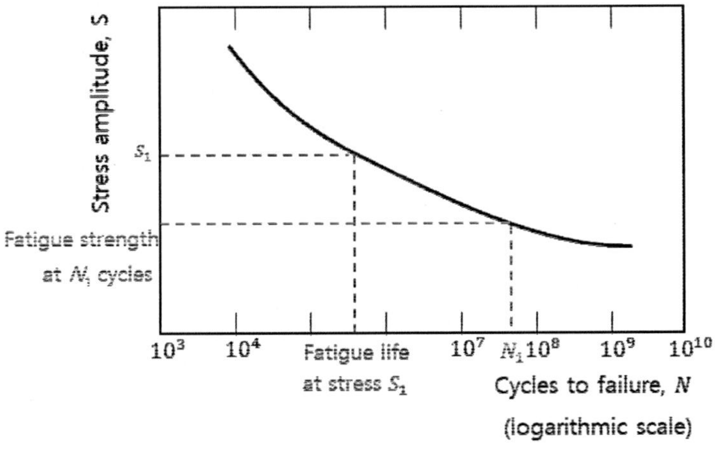

20.2 브라켓 구조물에서 반복적인 변동 응력이 가해질 경우 발생하는 피로 해석 예제

1 해석 도메인 생성 및 해석 구조물 형상 생성

1. File tab – open에서 구조물 형상 불러오기
2. Model builder 창 아래의 Global definitions 트리 하위의 parameters 클릭
3. Setting 창에서

   Name 칸에 'para', Expression 칸에 '0', Description 칸에 'Load cycle control'

   Name 칸에 'k', Expression 칸에 '1.0', Description 칸에 'Stress factor'를 입력하여 두가지 parameters 정의

2 변동 응력 사이클 정의

1. Model builder 창 아래의 Component 1 트리 하위의 Definition 트리 펼치기
2. Analytic 1 클릭
3. Setting 창의 Definition part 아래의 Expression 칸의 함수를 'para*F*cos(atan2(py,abs(px)))'로 수정
4. Select Study 아래 stationary 선택
5. Done 버튼 클릭

3 Mesh 설정

1. Model builder 창 아래 Mesh 버튼 마우스 우클릭 하여 Free tetrahedral 선택
2. 생성된 Free tetrahedral 마우스 우클릭 하여 Distribution 선택
3. 생성된 Distribution 클릭 – 브라켓 코너부분 4개의 라인 선택
4. Setting 창의 Distribution part 아래의 Number of elements 부분에 '10' 입력
5. Model builder 창 아래 Mesh 트리 아래의 Size 탭 선택 – Element size 부분의 Predefined 항목을 'Finer'로 변경
6. Build all 버튼 클릭

   Build All

4 Calculation 설정

1. Model builder 창 아래 Study1 항목 하위의 Step 1: Stationary 클릭
2. Setting 창 아래의 Study Extensions 항목 열기
3. Auxiliary sweep 항목에 체크
4. Parameter name 아래에 ‘para (Load cycle)’ 선택
5. Parameter value list에 ‘0 1’ 입력
6. Setting 창의 Compute 버튼 클릭

= Compute

5 Post-processing (단순 하중)

1. 브라켓 구조물에 가해지는 응력 분포이 방향 확인
2. 브라켓 구조물에 발생하는 변형률 확인

6 구조물에 반복 하중 인가

1. Home tab – Functions 아이콘 클릭하여 Global part에 있는 Interpolation 항목 선택
2. Setting 창에 있는 Definition part 아래의 Data source 부분에서 ‘File’ 항목 선택
3. Browse 버튼 클릭
4. S-N curve 불러오기
5. Setting 창에 있는 Functions part 아래의 Function name에 ‘wohler’, Position in file에 ‘1’ 입력

7 반복 하중에 대한 새로운 해석 조건 생성

1. Physics tab 에서 Add Physics 클릭
2. Add physics 창 아래의 study 1 항목에 체크 해제
3. Add physics 창에 있는 여러 트리 중 Structural mechanics 트리 펼치기
4. Fatigue 선택

6. Add to component 버튼 클릭

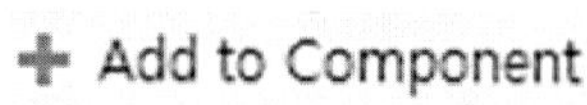

7. Model builder 창 아래의 Component 1 트리 하위의 Fatigue 항목 마우스 우클릭 한 후 Stress-life 항목 선택

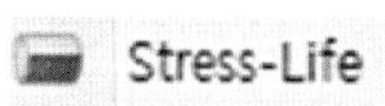

8. 생성된 Stress–life 클릭
9. Setting 창에서 아래 항목들 설정
   - Boundary selection – Selection: All boundaries
   - Stress: Signed von Mises (principal)
   - Modification: Stress factor
   - Physics interface: Solid mechanics
   - S–N curve: wohler
   - Stress factor: k
   - Cycle cutoff: 1e6

8 Calculation 설정

1. Study tap 아래 Add study 버튼 클릭
2. Add study 창에 있는 Physics interfaces in study 항목 아래의 Solid mechanics 항목에 체크 해제
3. Add study 창에 있는 Studies 항목 아래의 Preset studies 트리 펼치기
4. Fatigue 항목 클릭
5. Setting 창에서 Values of variables not solved for 항목을 아래와 같이 변경
   - Settings: User controlled
   - Method: Solution
   - Study: Study 1, Stationary
6. Add study 창에 있는 Add study 버튼 클릭

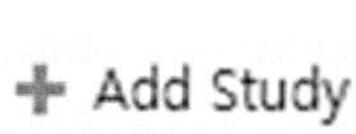

7. Study tap에 있는 Parametric sweep 아이콘 클릭

8. Model builder 창에서 생성된 parametric sweep 항목 클릭

9. Setting 창 아래의 Add 버튼 클릭

10. Study settings part에서

   - Parameter name: k (stress factor)
   - Parameter value list: 0.7 0.28 입력

11. Setting 창의 Compute 버튼 클릭

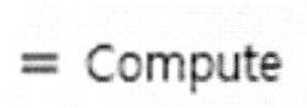

9 Post-processing (피로수명)

1. k 값에 따른 브라켓 구조물의 피로 수명 확인

저 자 약 력

- **유봉조** 공학박사, 한밭대학교 기계공학과 교수
- **신광복** 공학박사, 한밭대학교 기계공학과 교수
- **임채욱** 공학박사, 한밭대학교 기계공학과 교수
- **김영식** 공학박사, 한밭대학교 기계공학과 교수
- **신부현** 공학박사, 한밭대학교 기계공학과 교수
- **최진일** 공학박사, 한밭대학교 기계공학과 교수
- **송지환** 공학박사, 한밭대학교 기계공학과 교수

정가 15,000원

기계공학실험 I –구조, 재료, 진동, 제어 분야–

2019년 8월 30일 초판 인쇄
2019년 9월 10일 초판 발행
저 자 : 유봉조 · 신광복 · 임채욱 · 김영식
신부현 · 최진일 · 송지환
발행자 : 송 준
발행처 : 홍릉과학출판사
주 소 : 서울시 강북구 인수봉로 50길 10
01093
등 록 : 1976년 10월 21일 제5-66호
전 화 : (02) 999-2274~5, 903-7037
팩 스 : (02) 905-6729
e-mail: hongpub@hongpub.co.kr
http://www.hongpub.co.kr
ISBN: 979-11-5600-698-5

저자와의
협의하에
인지생략